Radana Kuny
Die Shanti-Methode

spirit
RAINBOW
Verlag

Radana Kuny

Die Shanti-Methode

oder

»Sprechen Sie Hundisch?«

spirit
RAINBOW
Verlag

Impressum

1. Auflage 2012
3., überarbeitete Auflage 2019

 © Spirit Rainbow Verlag
UG haftungsbeschränkt

www.spirit-rainbow-verlag.de

Gestaltung, Druck und Vertrieb:
Druck- & Verlagshaus Mainz
Süsterfeldstraße 83
52072 Aachen

www.verlag-mainz.de

Abbildungsnachweis:
Umschlaggestaltung unter Verwendung von Fotografien von
Lucia Sterr, Ina Illenberger und Suse Spriess

ISBN-10: 3-940700-53-3
ISBN-13: 978-3-940700-53-7

Für Simba!

Ohne dich hätte ich nie den Mut gehabt,
meinen Traum Wirklichkeit werden zu lassen.
Du wirst für immer mein Seelenhund bleiben!

»Um ein Lebewesen wirklich zu verstehen,
musst Du Dich in es hineinfühlen,
bis ganz tief in seine Träume hinein.«
Indianische Weisheit

Inhaltsverzeichnis

Die Shanti-Methode
oder
»Sprechen Sie Hundisch?«

Ich weiß nicht, der wievielte Versuch es ist, dieses Buch zu schreiben, aber unabhängig davon, wie viele Seiten ich schon vorher geschrieben hatte, gab es eine Stimme in mir, die mit dem Ergebnis nicht zufrieden war. Warum klappte es nicht, was machte ich falsch?

Jetzt weiß ich es! Ich habe versucht, ein Fachbuch zu schreiben, mit der Hoffnung, die Leser von meiner Art der Arbeit zu überzeugen. Ein großer Fehler, denn so kam ich nicht echt, sondern gekünstelt/bemüht rüber. Abgesehen davon habe ich mich mehr auf den Hund konzentriert, obwohl ich durch meine Arbeit als Coach weiß ich, dass das »Problem« und somit auch die »Lösung« immer am anderen Ende der Leine hängt – also richtet sich nun mein Fokus mehr auf den Menschen.

Zudem habe ich beschlossen, dieses Buch »frei Schnauze« zu schreiben. Es ist ein Buch, dass ich für meine Freunde schreibe (deshalb auch die Du-Form), ein Buch, in dem ich meine Gedanken und Gefühle reflektiere – ein Buch, dass vollkommen MICH widerspiegelt. Sollte es jemanden zum Nachdenken anregen, freut es mich, falls nicht, ist es auch in Ordnung ... Jeder wird das für sich selbst herausziehen, was für ihn in diesem Moment stimmig ist.

Schon immer war ich ein sehr neugieriger Mensch – ich liebe es Menschen und Tiere zu beobachten, richtig hinzusehen und hinzufühlen. Ich erkannte sehr schnell, dass sie so sehr viel mehr über sich preisgeben, als über das gesprochene Wort oder einen verbalen Laut. Ich konnte sehen, wie alles miteinander verbunden ist. Wie eine Reaktion, eine Handlung, eine Kettenreaktion nach sich zieht und uns somit prägt. Wie sich Handlungen, die wir immer wieder wiederholen, zu festen Gewohnheiten, zu Konditionierungen entwickeln, unabhängig davon ob sie uns guttun oder schaden!

Nach und nach wurden meine Sinne so geschult, dass ich heute spüren kann, wie die Gefühlszustände meines Gegenübers sind. Egal ob es sich um einen Menschen oder ein Tier handelt, ich kann seine Emotionen/seine Energie wahrnehmen und somit entsprechend darauf reagieren. Diese Gabe ist überhaupt nichts Besonderes, jedes Lebewesen besitzt sie. Der Unterschied ist lediglich der, dass ich mir dessen bewusst bin und diese Gabe auch täglich trainiere. Sie ist vergleichbar mit einem Muskel – wenn er nicht benutzt wird, verkümmert er.

Heute weiß ich durch meine NLP (neurolinguistisches Programmieren) -Ausbildung, dass ich unbewusst einen Rapport (Verbindung) aufbaue. Es liegt in der Natur eines jeden Lebewesen, dass es sich da wohl fühlt, wo es sich verstanden und akzeptiert fühlt. Dieses »Sich verstanden fühlen« ist die wichtigste Voraussetzung für eine gesunde und vor allem auch glückliche Beziehung zwischen zwei Lebewesen. Leider ist es nicht immer vorhanden, wenn wir mit einem Hund zusammenleben, im Gegenteil …

Viele Menschen, mit denen ich zusammenarbeite – so wunderbar sie auch sind – wissen nicht mehr von ihrem Hund als das, was er gekostet hat und welcher Rasse er angehört.

Mein Wunsch ist es, das wir lernen unsere Hunde als das zu sehen, was sie wirklich sind: wunderbare Wesen, Raubtiere, die uns auf einer spannenden Reise namens Leben begleiten und uns die Chance geben, an ihnen und mit ihnen zu wachsen. Denn genau das macht einen Hund so einzigartig in meinen Augen. Trotz seines Raubtierseins, ist er der beste Coach und Therapeut für mich – ohne meine Hunde hätte ich mich nie zu dem Menschen entwickelt, der ich heute bin. Meine Hunde haben mir gezeigt, was wahre Stärke, mentale Kraft und Vertrauen tatsächlich bedeuten. Dafür bin ich ihnen unendlich dankbar und ich freue mich, diese Erkenntnisse mit Dir teilen zu dürfen.

Warum kaufen wir uns einen Hund? Im Idealfall ist es die Sehnsucht und auch die Neugier sein Leben mit einer fremden Spezies zu verbringen, gemeinsam voneinander zu lernen und in Harmonie miteinander zu leben. Aber, Hand aufs Herz, nicht bei uns allen sind es diese Gründe. Sei bitte ehrlich zu Dir selbst (ich weiß, diese Art von Ehrlichkeit ist die schwerste von allen), warum wolltest Du einen Hund?

Ist es nicht so, dass wir über unsere Hunde auch viel kompensieren? Die meisten Menschen suchen sich einen Hund nach unbewussten Gründen aus. Wenn wir alle wirklich zutiefst ehrlich und uns unserer Motive bewusst wären, würde ich unter anderem folgende Antworten bekommen. Höre mal in Dich hinein, ob Du Dich in einem dieser Beispiele wiedererkennst:

- Ich habe mir diesen Schäferhund ausgesucht, weil dann wenigstens einer auf mich hört, ich mich wichtig fühle.

- Diesen Toypudel habe ich mir geholt, weil ich mir immer so sehr ein Baby zum lieb haben und verhätscheln gewünscht habe.

- Meinen Australien-Shephard habe ich, weil ich mit ihm die (sportlichen) Erfolge feiern kann, zu denen ich selbst nie in der Lage war – ich fühle mich somit erfolgreich!

- Diesen süßen Mischling habe ich aus dem Tierheim gerettet, weil ihn auch keiner lieb hat, ich habe Mitleid mit ihm! Auch ich bin ein Opfer und möchte gerettet werden!

- Diesen gefährlich aussehen Bullmastiff brauche ich, damit die Menschen endlich »Respekt« vor mir zeigen – jetzt kommt mir keiner mehr blöd!

- Diesen familienfreundlichen Labrador habe ich mir geholt, weil er so sozial und lieb ist – er mag alle und alle mögen ihn. Ich will auch »Everybody´s Darling« sein.

- Diesen wunderschönen Berner-Sennenhund habe ich gekauft, da er sich sehr dekorativ auf dem frischgemähten Rasen vor unserer Prachtvilla macht. Jeder kann sehen, dass wir ein perfektes Leben führen – alles ist ästhetisch und so wie es sein soll!

Es geht hier nicht darum, jemandem zu beleidigen – es spricht auch nichts dagegen sich aus den erwähnten Gründen einen Hund zu holen – es geht hier um Ehrlichkeit sich selbst gegenüber und um die Erkenntnis, dass mir kein Tier das geben kann, was ich so sehr vermisse. Im Gegenteil, der Wunsch geht leider oft nach hinten los …

Du kannst Dir vorstellen, wie sich die Beziehung entwickelt, wenn der süße Toypudel kein Baby sein will, sondern nach jeder streichelnden Hand schnappt. Oder wenn der »devote« Schäferhund macht, was er will; der ach so liebe Labrador plötzlich alles andere als ein »Sunnyboy« ist und der Berner keinen Menschen mehr auf das supergepflegte Grundstück lässt! Denn eins kannst Du mir glauben, auch wenn es natürlich so etwas wie rassespezifische Eigenschaften gibt – Hunde sind nun mal keine Maschinen, die alle gleich sind. Ich habe nicht das Gefühl, dass jeder Labrador auch weiß, dass er ein Labrador ist und sich auch dementsprechend so verhalten soll. Probiere es ruhig aus, stell Deinen Hund vor einen Spiegel, zeige auf ihn und erkläre ihm, dass er der und der Rasse angehört und dann lese ihm aus einer Enzyklopädie vor, wie er gefälligst zu sein hat. Wenn er auch nur ein bisschen intelligent ist, wird er Dir den Hundefinger zeigen und sein Ding weitermachen.

Ich bin manchmal schon sehr erstaunt über die Menschen, die tatsächlich glauben, sich mit einem Hund eine bestimmte Marke/Typen ins Haus zu holen. Wie absurd ist es denn, wenn wir tatsächlich überzeugt davon sind, dass der Hund sich genau so verhalten wird, wie es in den Fachbüchern steht? Es wäre genauso seltsam, wenn Du behaupten würdest, dass alle deutschen Männer superpünktlich, ordentlich und intelligent sind oder alle Italiener die Frauen auf Händen tragen und heißblütige Liebhaber sind. Glaube mir, wenn das der Wahrheit entsprechen würde, wären alle Frauen schon längst in Italien! Denk immer daran, egal was auch in den Hundefachbüchern oder Enzyklopädien steht, die rassespezifischen Eigenschaften beziehen sich auf die Charakteristika oder die Aufgaben, die der Hund ursprünglich übernehmen sollte, weniger auf die Persönlichkeit oder das Wesen des einzelnen Hundes. Ein Wachhund, dessen Job es ist, Haus und Hof samt Inhalt zu bewachen, kann vom Typus her der liebste und zärtlichste Hund sein, der aber trotzdem sofort bereit ist vorzupreschen, wenn es die Umstände verlangen.

Mittlerweile hast Du sicher schon erkannt, dass ich gerne in Beispielen rede, mir prägt sich so einfach alles besser ein. Also benutze bitte Deine Phantasie und stelle Dir vor, es gibt zwei tolle Männer in Deinem Leben. Der eine ist Deutscher und arbeitet als Sozialarbeiter und der andere, ein Spanier, arbeitet bei der Polizei. Mit beiden (sind ja nur Freunde!) fährst Du gemeinsam in Urlaub. Ihr wartet im Flughafen auf euren Abflug, da bemerkt »Dein« Sozialarbeiter einen Koffer, der anscheinend zu niemandem gehört. Sofort will er hingehen um zu überprüfen, ob sich ein Namensschild auf ihm befindet. Du kannst Dir vorstellen, wie schnell »Dein« Polizist ihn daran hindern wird. Er hat eine andere Aufgabe, lebt durch seinen Job in einer »anderen« Welt und hat somit eine vollkommen andere Sicht und Wahrnehmung. Bei ihm piepsen alle Alarmanlagen gleichzeitig »Achtung, Achtung, in diesem Koffer könnte eine Bombe versteckt sein!« Beide können wunderbare, liebevolle Männer sein, aber jeder hat eine andere Wahrnehmung, einen anderen Job, lebt sozusagen in einer anderen Welt. Somit liegt es an Dir zu entscheiden, welche dieser Welten am stimmigsten mit Deiner eigenen ist.

Also frage Dich auch bei einem Hund ob Du z.B. damit leben kannst, dass er eine gewisse Wachsamkeit, oder eine Jagdpassion mit sich bringt. Je mehr Du auf seiner »Schiene« bist, je mehr sein Job mit Dir als Mensch harmoniert, umso einfacher wird es für euch beide!

Ich selbst hatte bis jetzt 6 eigene Hunde - der 7. (Einstein, ein Landseerrüde) ist schon unterwegs. Alle waren für mich einfach nur geniale Hunde, in ihrem Wesen sehr weich, sanft und absolut sozial Menschen und Tieren gegenüber. Und doch waren sie von ihren Eigenschaften (Fähigkeiten) sehr unterschiedlich. Simba, mein Traum von einem Berner-Sennenhund, war sehr stolz, wachsam und hätte mich mit seinem Leben verteidigt, ebenso wie meine eigenständige Landseerhündin Nala, die absolut furchtlos ist. Jacky, mein Riesenschnauzermix, war ebenfalls ein perfekter Wachhund, der aber eine unglaubliche Geduld hatte. Shanti, meine Retrieverhündin, rennt dagegen gerne mal einem Hasen hinterher (wenn sie ihn vor mir sieht), ist aber fremden Menschen gegenüber reservierter als die anderen, hat nicht den Mut wie die Anderen und braucht somit mal Unterstützung von mir oder den anderen Hunden. Kira, meine Terriermixhündin, war sehr temperamentvoll und fremden Menschen gegenüber recht mürrisch – zumindest am Anfang. Hutch, der Wolfspitzmischling, hat gerne alles verbal kommentiert, was dagegen bei meiner Nala, dem Landseer, sehr selten vorkommt. Shanti gehorcht sehr schnell und findet es toll mir zu gefallen, Simba und Nala fragen erst mal zur Sicherheit nach, ob ich es auch wirklich so meine ...

Du siehst, jeder Hund bringt was anderes mit, hat auch einen anderen Job, und doch kann jeder der beste überhaupt sein und durch und durch ein sanfter, treuer Freund. Den meisten Hunden ist es sowas von egal, welcher Rasse sie angehören, sie sind auch nicht auf ihren Stammbaum (falls vorhanden) stolz – leider im Gegensatz zu einigen Menschen, die einen Rassehund im Wert über einen Mischling stellen. Gott sei Dank sind da die Hunde gesünder und kennen keinen Rassismus. Ich habe noch nie erlebt, dass sich ein Rassehund stolz vor einem Mischling aufgebaut hat mit der Aussage: »Ätsch, ich bin ein preisgekrönter Rassehund!« Obwohl es auch Blender unter Ihnen gibt. Ich habe schon so einige kleine Hunde kennengelernt, die schon aus Kilometerentfernung brüllen: »Ich bin ein Mastino Napoletano!« Geglaubt hat es ihnen allerdings niemand.

Es gibt nur zwei Gründe, warum wir uns für einen bestimmten Hund entscheiden (selbst wenn uns ein Hund zuläuft werden wir uns, falls wir ihn behalten, aus einem dieser beiden Gründe für ihn entscheiden.):

> 1) **Der Hund spiegelt das wider, was ich vermisse, dass was ich zutiefst in mir leben will – oder vor was ich Angst habe (ich habe z.B. Angst davor, NEIN zu sagen und siehe da, ich suche mir einen Hund aus, der ständig NEIN zu mir oder anderen sagt).**

Diese Entscheidungen laufen immer unbewusst ab. Für den zweiten Grund, sein Leben mit einem Hund zu verbringen, muss sich der Mensch kennen, sich seiner Schwächen und Fehler, aber auch seiner Stärken, bewusst sein:

> 2) **Der Hund ist bewusst von mir ausgesucht worden, weil er genau die Eigenschaften hat, die ich bewusst lebe, die mir vertraut sind und die somit perfekt zu mir passen.**

Wenn Hunde aus dem 2. Grund bewusst ausgesucht werden, können wir davon ausgehen, dass diese Beziehung harmonisch sein wird – die Chemie stimmt zwischen Mensch und Hund und beide können ihre

Persönlichkeit bewusst entwickeln. Keiner wird den Anderen durch eine falsche Erwartungshaltung enttäuschen.

Menschen, die sich so bewusst einen Hund aussuchen, werden unabhängig von der Rasse auf den einzelnen Hund schauen, auf seine ganz eigene Energie, seine Persönlichkeit achten. Sie wissen, dass nicht die Rasse ausschlaggebend ist, sondern immer der Einzelne, das Individuum. Ich verliebe mich auch zuerst in das Wesen eines Menschen, nicht in seinen Job. Aber trotzdem sollte ich mir immer klar sein, dass auch ein Job einen Menschen prägt und ein wichtiger Bestandteil in seinem Leben ist. Eine Vegetarierin wird wahrscheinlich nie mit einem Metzger glücklich werden, selbst wenn es ein ganz netter ist.

Durch jahrelange Selektion durch Züchtung haben sich diese Job-Eigenschaften bei Hunden durchgesetzt und damit auch ihren Charakter mitgeprägt. Dadurch hat z.B. jeder Herdenschutzhund eine größere Eigenständigkeit und Wachsamkeit als beispielsweise ein Schäferhund, so wie jeder Jagdhund eine größere Passion zum Jagen mitbringt als z.B. ein Lagehund. Und doch kann kein Jagdhund mit einem anderen verglichen werden, denn jeder Hund einer bestimmten Rasse hat seine individuellen Eigenarten. Du kannst zehn deutsche Doggen haben und doch ist jede einmalig!

Das ist für mich auch der Grund, warum ich nie dieselbe Hunderasse mit dem gleichen Geschlecht doppelt habe. Simba war z.B. für mich ein absoluter Traumhund, der wunderbarste Berner, den ich mir nur erträumen konnte. Es wäre unfair in diese Fußspuren einen anderen Bernerrüden eintreten zu lassen. Ich würde ihn unbewusst mit Simba vergleichen und das wäre einfach nicht fair ihm gegenüber. So ist jeder Hund, der zu mir kommt, immer frei, was meine Erwartungshaltung angeht und hat somit die Möglichkeit, ebenfalls tiefe, einmalige Spuren in meinem Herzen zu hinterlassen. Es fällt mir leichter nicht zu vergleichen, wenn die Optik, oder zumindest das Geschlecht, anders ist. Aber ich kann immer nur von mir reden – für manch einen Menschen muss es immer die gleiche Rasse und auch das gleiche Geschlecht sein. Solltest Du auch zu ihnen gehören, dann bleibe aber bitte immer fair und vergleiche nicht! Die Hunde spüren das und leiden auch, wenn sie auf energetischer Ebene fühlen, dass sie Deinen Erwartungen nicht entsprechen. Oder wie wäre es für Dich, wenn Dein Partner Dir immer Deinen Vorgänger als Vorbild vor Augen halten würde?

Die Persönlichkeit eine Hundes setzt sich aus 3 Faktoren zusammen: Zum einen aus den Genen, der Veranlagung (Konstitution), die der Hund von Geburt an mitbringt, zum anderen aus den rassespezifischen Eigenschaften und zum guten Schluss aus der Prägung, der Sozialisierung (Erziehung), seinem alltäglichen Umfeld. Gerade dieser letzte Punkt ist in meinen Augen der Wichtigste, ich würde sogar behaupten, dass er mindestens 70 % von dem Charakter eines Hundes ausmacht.

Das Gute – ja, das Allerbeste – daran ist, dass wir somit einen unglaublichen Einfluss auf unseren Hund haben! Im Positiven allerdings nur, wenn wir Menschen sind, die sich dessen bewusst sind und den Hund richtig und gesund erziehen.

> **Wir müssen uns klarmachen, dass wir es in der Hand haben, wie sich unser Hund entwickelt – unabhängig von der Rasse! Wir haben die Macht bzw. die Chance, aus jedem Hund einen wunderbaren, freundlichen, in sich ruhenden sozial verträglichen Hund zu formen.**

Und genau das ist das Ziel meiner »Shanti-Methode«. Dazu noch eine kleine Erklärung, was eigentlich »Shanti-Methode« heißt (und nein, ich gehöre keiner Sekte an – auch wenn sich mein Name so komisch anhört):

Ich bin ich Prag geboren, Radana ist somit ein normaler tschechischer Name und Shanti kommt aus dem Indischen und heißt übersetzt Frieden. Vor langer Zeit war ich für knapp 12 Wochen in Indien und kam in den großen Genuss von einem wilden Hunderudel lernen zu dürfen. Über viele Wochen und unzählige Stunden konnte ich sie beobachten und bin ihnen bis heute dankbar für diese unvergessliche Ausbildung. Was mich am allermeisten beeindruckt hat, war dieser unglaubliche Frieden, den diese wilden Hunde ausstrahlten. Das Alphapaar wurde respektiert und bewundert und die beiden hatten solch eine enorme Präsenz, dass manchmal nur ein Augenzucken ausreichte, damit das restliche Rudel richtig reagierte. Das hat mich dazu veranlasst, nicht nur meine zuckersüße Retrieverhündin »Shanti« zu nennen, sondern auch meine Arbeit mit Hunden allgemein. Ich habe erkannt, dass es keine Probleme geben kann, wenn Frieden herrscht.

Da wo Frieden ist, gibt es keine Störungen und alle fühlen sich wohl und ausgeglichen, entspannt. Oder siehst Du das anders? Ich kann nur von mir sagen, dass, wenn ich mich vollkommen wohl und entspannt fühle, mein Leben wesentlich leichter und schöner ist. Ich kenne keinen Hund und auch keinen Menschen, der das Bedürfnis nach Streit, Kummer oder Aggression hat, wenn er in sich einen tiefen Frieden trägt.

Probleme signalisieren immer, dass etwas aus der Balance geraten, nicht in Harmonie ist. Somit sehe ich es als meine Aufgabe an, wieder Frieden und Harmonie in die Mensch/Hund-Familie zu bringen – zumindest soweit es in meiner Macht steht. Das heißt für mich, den Menschen einen Weg zu zeigen, der wieder ihr Leben, und somit auch das ihres Hundes, in Balance bringt. Übrigens ein wunderschöner und auch spannender Weg. Es erfüllt mich mit einer tiefen Dankbarkeit, Dich dabei begleiten zu dürfen. Ich könnte manchmal glatt vor Glück platzen, wenn ich miterlebe, wie meine Kunden über sich hinauswachsen und sich somit alles in ihrem Leben wandelt! Es ist wunderschön zu sehen, wie sich Hunde, die ein negatives Programm in sich hatten, entspannen und in ihre Menschenfreunde »verlieben« und plötzlich ein »Verstehen ohne Worte« entsteht.

Bitte entschuldige, wenn ich so tief in die Gefühlskiste greife, aber wenn ich nicht so vollgepumpt mit Gefühlen wäre, könnte ich nie meine beiden Berufe erfolgreich ausüben. Denn mal ganz im Ernst: kann ich ein Lebewesen besser über den rationalen Verstand oder über die Empathie, das Gefühl, begreifen? Also wenn ich die Wahl hätte, mir z.B. Liebe erklären zu lassen, würde ich dann meinen Kopf, oder meinem Gefühl, dem Herzen, den Vorzug geben? Na also! Da das nun geklärt ist, werde ich weiterhin ungehindert in meinen Gefühlen schwelgen. Falls das nichts für Dich ist, wärest Du sicher mit einem der vielen wissenschaftlichen, logisch fundierten Fachbüchern – am besten mit einer Gebrauchsanleitung für einen perfekt funktionierenden Hund – besser bedient! Und unabhängig davon, ich finde Gefühle klasse und habe überhaupt keine Probleme mit meinen Kunden zu lachen, albern zu sein, aber auch mal (am liebsten vor lauter Freude) zu weinen. Wenn Du es einmal erleben könntest, was für eine Magie entsteht, wenn der Hund zum allerersten Mal ganz bewusst, voller tiefem Vertrauen, seinem Menschen tief in die Augen sieht ... Also, wer da keine tränenden Augen bekommt hat ein Herz aus Stein! Ich weiß, dass jetzt das Argument kommt – hoffe aber nicht von Dir – das doch in so vielen Hundebüchern steht, dass man einem Hund nicht in die Augen schauen soll. Mal ganz im Ernst, sind wir erwachsene Menschen, die einen gesunden Menschenverstand haben und ihn auch benutzen, oder einfach nur Marionetten, die jeden Schwachsinn unreflektiert für wahr halten? Wie würdest Du Dich fühlen, wenn Du mit einem Menschen zusammenleben würdest, der Dich nie anschaut? Furchtbar, oder? Sagen wir nicht schon unseren Kindern »Sieh mich an, wenn ich mit Dir rede!«? Empfinden wir es nicht als unangenehm, oder sogar als unverschämt, wenn uns unser Gesprächspartner nicht anschaut?

Die Augen sind das Tor zur Seele – wie kann ich denn jemals jemanden wirklich kennenlernen, wenn ich nicht tief in seine Seele schauen kann? Meine Hunde und ich beherrschen diese Kunst in Perfektion! Ich zerschmelze regelrecht, wenn sie mich mit ihren wunderschönen, bernsteinfarbenen Augen minutenlang anschauen. Die Gefühle, die da zwischen uns hin und her fließen, sind einfach unbeschreiblich.

Also bitte schaltet euren klugen (falls vorhandenen) Menschenverstand ein und schaut euren Hunden mal ganz bewusst in ihre Augen. Und bitte bitte erwidert den Augenkontakt, wenn euer Hund euch mal anschaut – ein Strahlen (das kommt von alleine, wetten?) oder ein zustimmendes Brummen reicht schon vollkommen aus, um ein glückliches Schwanzwedeln zu erhalten.

Bei mir gibt es ein Training, das nennt sich »ohne Worte«. Im Klartext heißt es, dass wir vorwiegend nur über Augenkontakt mit unseren Hunden kommunizieren – und, Überraschung, kein Training ist so effizient! Jeder, aber auch wirklich jeder Hund begreift spätestens dann, was sein Mensch ihm mitteilen will.

Was ich natürlich nicht mache, ist einem fremden, oder aggressionsbereiten Hund mit starren, weit aufgerissenen Augen anzugaffen, glaub mir, dass kommt nicht gut an!

Aber schließlich würde ich auch nicht versuchen, einen angriffsbereiten Menschen durch einen herausfordernden Blick auf mich Aufmerksam zu machen, oder? Selbst einem fremden, sehr hübschen Mann würde ich nicht tief in die Augen schauen – zumindest nicht, wenn seine Frau in der Nähe ist. Es sei denn, ich bin lebensmüde!

Zu beachten sind immer die 3 W´s. Unterscheide je nach Situation:
WEN, WIE und WANN schaue ich jemanden an?
Was in der einen Situation richtig ist, kann nur ein paar Minuten später völlig falsch sein.

Wie machtvoll Blicke sind merkt man oft daran, wenn sie geradezu körperlich spürbar sind. Sicher kennst Du das, dass Du z.B. in einem Café sitzt und Dich auf einmal unwohl und beobachtet fühlst und wenn Du Dich nach einer Zeit umdrehst, sitzt hinter Dir ein komischer Typ, der Dich ununterbrochen anstarrt. Ein anderes Beispiel: Du bist mit Deinem Schatz auf einer großen Party und er steht am anderen Ende des Saals und unterhält sich angeregt, dann plötzlich hebt er seinen Kopf hoch und schaut Dich an. Und Du hast auf einmal das Gefühl, dass ihr Beiden die einzigen Menschen auf dieser Party seid, so verbunden fühlt ihr euch nur durch diesen einen Augenkontakt – das ist Magie!

Schaue ich jemanden an, berühre ich ihn!
Wer kennt nicht die Aussagen:

- »Ihre/Seine Blicke haben mich ausgezogen!«
- »Ihr/Sein Blick hat mich peinlich berührt!«
- »Ihre/Seine Augen haben mich gestreichelt!«
- »Ihre/Seine Augen haben mich in den Bann gezogen!«
- »Ihre/Seine Blicke haben mich verfolgt!«
- »Aus Ihren/seinen Augen schossen Blitze ...!«
- »Wenn Blicke töten könnten!«

All unsere Gefühle spiegeln sich in unseren Augen wider. Sie können warm, voller Liebe, Leben, List, Hass, Wut, Verzweiflung, Hilflosigkeit, Kälte, Härte, Mitgefühl, Gleichgültigkeit ... sein. Augen lügen nie! Selbst wenn unser Mund lächelt oder Nettigkeiten sagt, wirst Du die Wahrheit immer nur in den Augen erkennen.

In dem Moment, in dem ich jemanden ansehe, stelle ich eine Verbindung her. Einem sehr tief in die Augen schauen hat meistens nur zwei Gründe: der erste zeigt, dass man sich öffnet – ich lasse mein Gegenüber tief in meine Seele blicken. Der zweite Grund ist nichts anderes als ein Machtkampf – wer zuerst den Blick abwendet, hat verloren. Eins kannst Du mir glauben, ich habe noch nie einen Hund oder einen Menschen erlebt, der diese beiden Blicke nicht unterscheiden konnte!

Dies ist auch der Grund, warum ich Dir immer erkläre, dass Du nur das anschauen sollst, wenn Du mit Deinem Hund unterwegs bist, was auch für ihn interessant sein soll. Kommt Dir ein Jogger entgegen, wirfst Du ihm nur einen kurzen Blick zu – sozusagen um Dich zu überzeugen, ob er eine Gefahr für Dich und Deinen Hund ist, falls nein, wendest Du Deinen Blick ab – so zeigst Du Deinem Hund, dass Du kein Interesse hast. Wenn Du der Anführer für Deinen Hund bist und er Deinem Urteil vertraut, passt er sich Deinem Verhalten sofort an. Starrst Du dagegen den Jogger wie hypnotisiert an, signalisierst Du Deinem Hund Interesse und brauchst Dich dann nicht wundern, wenn er frei nach dem Motto reagiert: »Kein Problem Frauchen, ich hole den Kerl für Dich!« Obwohl, wenn ich so darüber nachdenke, bei manchen attraktiven Joggern würde es sich vielleicht doch lohnen, einen längeren intensiven Blick hinterher zu werfen.

Du hast sicher das Wort Anführer herausgehört. Im Grunde genommen ist das der Schlüssel zu einem glücklichen entspannten Hund. Sobald der Hund einen Menschen mit Führungsqualität an seiner Seite hat, kann er sich voller Vertrauen an ihm orientieren und hat somit keinen Stress. Aber was ist denn nun ein Anführer? Ein Anführer hat nichts mit jemandem zu tun, der einen unterdrückt oder sonst wie negative Macht über jemanden ausübt. Selbst wenn der Hund Dir gehorcht bist Du nicht automatisch sein Anführer. Im Gegenteil – so seltsam sich das im ersten Moment auch anhören mag. Aber wenn Du wüsstest, wie viele Hunde ich kenne, die einen sehr guten Grundgehorsam haben und sich trotzdem absolut führungslos und somit überfordert mit ihrem Leben fühlen. Du kennst doch sicher auch Hunde, die gehorchen, aber ansonsten Stresssymptome zeigen, wie z.B.: kläffen im Auto, Aggression gegen Artgenossen oder Menschen, Zerstörungswut, ständiges Abhauen.

> **Gehorsamkeit, im Sinne von Kommandos befolgen, ist nichts anderes als eine Dressur und sagt nichts darüber aus, ob der Hund ein sozial erzogenes Lebewesen ist und Dich als Anführer, als Leitfigur, respektiert!**

Falls Du in einem Betrieb arbeitest und Anweisungen von Deinem Chef annimmst, zeigst Du auch Gehorsamkeit ihm gegenüber und doch würdest Du nie auf die Idee kommen, dass Dein Chef automatisch jemand ist, den Du liebst, respektierst und dem Du Dich freiwillig anschließen würdest. Und ich wette – so hoffe ich doch – dass Du ihm ganz schnell die Meinung sagen würdest, wenn er versuchen sollte, sich in Dein Leben einzumischen!

Das eine ist Job/Ausbildung, das andere Respekt, Freundschaft, Vertrauen und Führung! Das eine kann ich mir erkaufen oder mit Druck einfordern, dass andere muss ich mir mit Geduld und Liebe erarbeiten und somit erst verdienen. Dressur heißt, mein Fokus liegt auf dem Hund und je nach meiner Persönlichkeit mache ich ihm diese Dressur schmackhaft (z.B. mit Futter oder Streicheleinheiten) oder mit Druck (über Strafreize und Gewalt) – wenn es um Führung geht, liegt mein Fokus dagegen bei mir – ich arbeite an mir, entwickle alle Eigenschaften, die es braucht, damit mir mein Hund vertrauen kann, mich respektiert und sich mir somit freiwillig anschließt und mir folgt. Tja, das ist eigentlich der allergrößte Unterschied zwischen meiner »Shanti-Methode« und der konventionellen Hundeerziehung: Der Fokus liegt auf dem Menschen.

Du würdest doch auch nicht jedem dahergelaufenem Trottel vertrauen, nur weil er Dir mal den Rücken massiert oder Dich auf einen Kaffee einlädt – geschweige denn, wenn er Dich beleidigt oder Dir sogar eine scheuert. Wie fühlst Du Dich dagegen bei harmonischen, in sich ruhenden Menschen, Menschen die eine tiefe Zufriedenheit und somit Charisma ausstrahlen? Wetten, es zieht Dich magisch zu ihnen hin? Du fühlst Dich einfach wohl in ihrer Nähe.

Dieser Punkt ist so enorm wichtig, dass ich ihn noch einmal wiederholen möchte. Ein Hund, der auf Kommandos gehorcht, ist nicht automatisch ein erzogener und somit auch sozialer Hund! Leider tragen noch immer auch die meisten Hundetrainier zu dieser falschen Annahme bei. Uns wird suggeriert, dass ich einen perfekt erzogenen Hund habe, wenn er meinen Kommandos gehorcht. Diese Dressurstunden nennen sich auch noch Erziehungskurse! Ich kann mir sogar schriftlich bestätigen lassen, z.B. durch eine Begleithundeprüfung, dass ich einen erzogenen Hund habe. Wie viele Menschen könnten sofort ein gutes polizeiliches Führungszeugnis vorlegen und sind doch verkappte Psychopathen oder zumindest unangenehme Sozialgenossen.

Berufe Dich nicht auf irgendein Stück Papier und mache Dir bewusst: Erziehung hat nichts mit einer Dressur zu tun!

Was glaubst Du denn, wie viele Hunde zu mir kommen, die perfekt Sitz-Platz-Fuß auf Kommando ausüben können? Ich schätze mal vorsichtig, dass es so um die 70 % sind. Davon besitzen sicher die Hälfte eine Begleithundeprüfung. Und was glaubst Du, was bis heute der Hauptgrund ist, warum ich gebucht werde? Wegen Aggression oder zumindest einem unsozialen Verhalten Artgenossen und oft auch Menschen gegenüber! Sehr viele meiner Kunden konnten keinen Besuch mehr empfangen, da jeder sofort von dem Hund gestellt wurde. Viele trauten sich nur noch in einsame Gegenden oder nachts heraus, damit sie auf keinen Fall anderen Hunden begegneten und all das, obwohl der Hund (zumindest die meisten, ca. 80 %) doch von Anfang an in einer Hundeschule waren. Oder die Hunde hauen ab und machen was sie wollen. Der Mensch interessiert sie eigentlich nur, wenn er den Dosenöffner in die Hand nimmt. Also was läuft hier falsch? Kannst Du es mir jetzt sagen? Prima, wusste ich doch, dass Du es jetzt begriffen hast!

Unsere Hunde wurden dressiert und nicht sozial erzogen. Vergleiche es damit, dass Du Dein Kind in den Turnunterricht schickst. Anstatt Sitz und Platz steht von mir aus ein Handstand oder ein Salto auf dem Trainingsplan. Aber nur weil es das macht, heißt es nicht, dass es ein gutes Sozialverhalten hat.

Ich habe sicher nichts dagegen einzuwenden, dass Hunde sich aufs Kommando hinlegen können (ja, man staune – auch meine können das), genauso wie mein Sohn erfolgreich im Turnen aktiv war, aber ich wäre nie auf die Idee gekommen, dass sich allein aus diesen Aktivitäten heraus meine Hunde und mein Sohn zu wunderbaren sozialen Lebewesen entwickeln, mir war immer klar, dass auch Psychopathen turnen lernen können

Erziehung heißt, dass ich meinem Hund die Welt zeige, sie ihm so erkläre, dass er sich in ihr voller Vertrauen sicher bewegen kann. Ich zeige ihm, was für Regeln und Gesetze es in meiner Familie gibt, die ihm Sicherheit vermitteln. Er lernt vom ersten Moment an, was seine Aufgabe ist, was ich von ihm erwarte und was nicht erwünscht wird. Er wird gefördert, unterstützt, aber auch in seinem Verhalten korrigiert, wenn es nicht angemessen ist.

Und das Wichtigste ist, dass er vom ersten Moment erkennt, dass er in meiner Familie keine Verantwortung übernehmen muss. Seine Aufgabe ist es, sein Leben zu genießen, zu schmusen, schlafen, fressen und Spaß zu haben. Alles Unangenehme oder Belastende wie Geld verdienen (ok, meine Hunde sind nun mal ausgebildete Therapiehunde, sie verdienen somit auch ihren Lebensunterhalt), putzen, waschen, Kinder erziehen ... geht sie eigentlich nichts an – außer ich bitte sie um ihre Mithilfe! Kein schlechtes Leben, oder?

Klingt doch super – nur: wie mache ich das?

Als erstes lebe ich es dem Hund vor. Ich weiß, dass Du spätestens jetzt ungläubig den Kopf schüttelst, aber glaube mir, es stimmt. Natürlich kannst Du nicht zu einem Hund werden, selbst wenn Du es probieren würdest, Du würdest Dich nur lächerlich machen. Ich habe es mal bei meinen Hunden versucht – noch heute wird es mir ganz komisch zumute, wenn ich an die fassungslosen Gesichter meiner Hunde denke! Ich wette mit Dir, dass sie in dem Moment dachten: »Die spinnen doch, die Menschen!«

Hunde reagieren immer auf Energien, die Ausstrahlung, unabhängig davon, um welches Lebewesen es sich auch handeln mag. Die Energie ist bei den gleichen Gefühlen auch immer gleich, egal ob es ein Hund oder ein Mensch ist, der ausgeglichen, traurig, glücklich, wütend, hasserfüllt, unsicher oder auch ängstlich ist. Diese Energie verrät somit immer unsere Emotionen. Sie lässt uns und unser Gegenüber immer spüren, wie es uns im Augenblick geht.

Das ist auch der Grund, warum Hunde oft 99 Menschen an uns problemlos vorbeigehen lassen und den 100. plötzlich stellen. Und Du wirst mir Recht geben, dieser 100. hat es auch in sich. Entweder hat er panische Angst vor Hunden, oder hasst sie wie die Pest, oder er hat viel Alkohol oder Drogen intus, hat somit eine nicht einschätzbare Energie.

Energie strahlen wir immer aus. Deshalb heißt es ja auch »Ausstrahlung«, nicht »Instrahlung«. Unbewusst nehmen auch wir sie wahr. Gerade wir Frauen haben es sicher schon häufiger erlebt, dass uns ein Mann entgegenkommt und wir automatisch die Straßenseite wechseln, ohne dass wir groß darüber nachdenken. Unbewusst haben wir etwas in seiner Ausstrahlung wahrgenommen, dass uns nicht geheuer war. Oder wir lernen jemanden kennen, der total sympathisch rüberkommt und doch ist da so eine leise Stimme in uns, die uns warnt. Ich hätte mir so manche Enttäuschungen sparen können, wenn ich auf sie gehört hätte. Aber wie heißt es immer so schön? »Der Mensch wird aus Fehlern klug, darum ist einer nicht genug!«

Kannst Du mir folgen? Verstehst Du, um was es geht? Hunde wie Menschen nehmen den anderen über seine Ausstrahlung, seine Energie wahr. Es gibt Energien, die uns anziehen und andere stoßen uns ab, verunsichern oder ängstigen uns, machen uns stark oder schwach. Wir Menschen können durch unseren Verstand vernünftiger damit umgehen, wir haben gelernt, uns zu verstellen. Wenn wir auf einen Menschen treffen, dessen Energie uns überhaupt nicht liegt – einfach ausgedrückt, wir können diesen Menschen nicht leiden – gehen wir im Idealfall gelassen damit um. Hunde sind da direkter, sie denken nicht um tausend Ecken, sie sind nicht so komplex gestrickt. Ich glaube es zumindest. Bis jetzt habe ich aber noch keinen Hund kennengelernt, der mir das Gefühl vermittelt hat, umständlich (ok, nenne es ruhig auch vernünftig) wie ein Mensch zu denken. Ein Hund ist immer echt, er ist vollkommen seinen Emotionen, seinen Trieben und Instinkten ausgeliefert. Und gerade diese Erkenntnis macht es leicht oder schwer – je nach dem, in welchem Kontext ich es sehe – mich auf ihn einzustellen. Leicht, weil ich somit auch schnelleren Zugang zu ihm habe, ich ein sofortiges Feedback von ihm erhalte. In dem Moment, wenn ich mit ihm Kontakt habe, reagiert er.

Auch da erlebe ich so ein erstaunliches Phänomen: Die meisten Menschen machen mit ihrem Hund immer das Gleiche und erwarten – seltsamerweise – aber ein anderes Resultat! Komplett unlogisch, oder? So wie die Fliege, die immer wieder gegen die Fensterscheibe fliegt und dabei auf ein Wunder hofft. Die beste Strategie wäre es doch, es anders zu probieren, vielleicht seinen Blickwinkel zu verrücken, seine Denkweise, oder auch nur seine Einstellung zu verändern, den Mut zu haben, etwas Anderes, Neues zu probieren – und siehe da, schon klappt es!

Ein Hund wird IMMER auf Deine Energie reagieren. Wenn Du ihn z.B. zu Dir rufst und innerlich aber voller Wut bist, wird er – wenn er nicht von Dir mit Gewalt gebrochen wurde – gesund reagieren und natürlich NICHT kommen. Schließlich ist er ja nicht bescheuert. Wer von uns geht denn freiwillig, geschweige denn voller Freude, zu einem Menschen, wenn der Aggression ausstrahlt? Es gibt eine überlebenswichtige Regel im Tier- und Menschenreich: »Meide jeden, der Gewalt ausstrahlt, er könnte Dich nämlich verletzen!« Nur Masochisten und Hooligans mögen so was! Klar gibt es die leider auch unter Hunden, aber dazu wurden die armen Wesen von uns Menschen gemacht. Leider ist es wirklich möglich, Hunde zu kampfbegeisterten Angreifern zu machen. Gerade Hunde, die über eine Triebförderung dressiert werden, entwickeln sich oft zu »Lustbeißern«.

Kannst Du Dir vorstellen, mit welcher Energie die meisten Hunde mit Abstand am schlechtesten umgehen können? Welche sie am schwierigsten finden? Unter welcher sie am meisten leiden? Welche Energie wäre es denn für Dich?

Es ist die Energie der Unsicherheit! Überrascht? Woran liegt das? Für uns, aber auch für Hunde, sind Lebewesen, die sie nicht einschätzen können, das Anstrengendste überhaupt. Selbst wenn jemand immer wütend oder unglücklich ist, ist er vielleicht kein angenehmer Zeitgenosse, aber ich kann ihn einschätzen und somit lernen, damit umzugehen – ob ich es als angenehm empfinde steht natürlich auf einem anderen Blatt Papier. Aber in all diesem unangenehmen Gefühl versteckt sich doch eine gewisse Sicherheit/ Berechenbarkeit – ich weiß, woran ich bin.

Bei jemand Unsicherem ist es dagegen vollkommen anders: Ich weiß nicht, woran ich bin. Mal zeigt sich diese Unsicherheit durch Schwäche oder Hilflosigkeit, dann wieder durch Wut, Hass, Gereiztheit ... Ich kann diesen Menschen nicht greifen, er ist wie ein wandelndes Überraschungspaket. Furchtbar anstrengend. Für einen Hund/Mensch ist das wichtigste Grundbedürfnis Sicherheit und Geborgenheit. Dieses Gefühl kann er NIE bei einem Menschen entwickeln, der für ihn nicht vorhersehbar/ berechenbar ist. Sicherheit geht immer Hand in Hand mit Zuverlässigkeit.

Ich sehe das sehr gut bei meinen Hunden, wie sie auf unsichere Hunde reagieren. Diese Hunde werden von meinen Hunden korrigiert. Sie sind so lange an diesen Hunden dran, bis diese ihren Stress im wahrsten Sinne des Wortes abschütteln und sich entspannen, erst dann werden sie von meinen Hunden in Ruhe gelassen, denn dann sind sie keine Gefahr mehr für das restliche Rudel. Ein unsicherer Hund kann die ganze Gruppe gefährden. Er könnte z.B. seine Unsicherheit durch ein aggressives Verhalten den anderen Hunden gegenüber ausleben, oder durch ein panisches Fluchtverhalten Unruhe in die Gruppe bringen. Ein Korrigieren heißt eigentlich nichts anderes als ein »komm mal wieder runter«. Meine Hunde nehmen das auch manchmal wortwörtlich: Je nach Hund (meistens reicht nur ein Blick, oder ein Dazwischenstehen) wird dieser entweder mit der Pfote oder der Schnauze (ich nenne es ein »Andocken«) auf den Boden gedrückt. So wie es die Hundemutter mit ihren Welpen macht. Dies geschieht alles ohne Aggression – manchmal sogar fast zärtlich. Natürlich könnte es für einen Laien brutal aussehen, wenn sein vielleicht kleiner Hund von einem sehr großen Hund über den Hals auf den Boden gedrückt wird. Aber bei genauem Hinsehen kann man sehr gut erkennen, dass der korrigierte Hund keinerlei Angstsymptome zeigt, ja viele wedeln sogar mit ihrem Schwanz dabei. Und in dem Moment, wenn meine Hunde ihn loslassen und er sich abschüttelt, weicht er ihnen fast nicht mehr von der Seite. Es ist fast so, als ob er sich bei meinen Hunden für die Korrektur bedankt und er genau spürt, dass er bei ihnen sicher ist.

Was aber sorgt am meisten für Unruhe bei einem Hund? Stress! Und Stress entsteht, wenn der Hund einen Menschen an seiner Seite hat, dem er nicht bedingungslos vertrauen, wenn er nicht in einer gesicherten Bindung mit ihm leben kann und ganz besonders schlimm, wenn der Hund sich für den Menschen verantwortlich fühlt! Je mehr Stress ein Hund hat, umso stärker ist seine Unsicherheit und umso weniger kann ich ihn unter Kontrolle halten. Und spätestens wenn der Hund im sogenannten »roten Bereich« ist, kann ich ihn überhaupt nicht mehr erreichen. Roter Bereich bedeutet, dass der Hund glaubt, sich in einer für ihn lebensbedrohlichen Situation zu befinden. Alles in ihm schaltet um auf Autopilot. Sein ganzer Organismus wird mit Stresshormonen überflutet. Es bleibt keine Zeit mehr für ein Überlegen (soweit ein Hund dazu in der Lage ist), sondern er reagiert nur noch instinktiv. Die Natur hat das sehr sinnvoll so eingerichtet, ohne dieses automatische Reagieren wären wir heute schon ausgestorben.

Stell Dir doch mal vor, Du stehst auf einer Straße und es rast plötzliche ein Auto auf Dich zu. Bleibst Du stehen und überlegst, was Du jetzt am besten machen sollst? Hoffentlich nicht ... Du reagierst instinktiv und zwar Deinem Typus entsprechend. Sicher kennst Du den Begriff »Fight, Flight and Freeze Hormon.« Nicht jeder Mensch oder Hund reagiert bei Stress gleich. Es gibt viele unterschiedliche Konstitutionstypen, aber vereinfacht kann man zwischen zwei Persönlichkeiten unterscheiden, zwischen dem A- und dem B-Typ: Der A-Typ ist der aktive, der bei Stress extrovertiert reagiert: er greift an oder flieht. – Wer kennt nicht die Menschen, die, sobald sie ein Problem haben, aktiv werden, handeln oder vielleicht auch cholerisch oder aggressiv reagieren, und wenn auch nur mit Worten? Der B-Typ ist dagegen mehr der passive, der introvertierte; er neigt verstärkt zu einer autoaggressiven Reaktion, kaut z.B. an seinen Nägeln, zieht sich zurück oder erstarrt.

Kannst Du Dir jetzt vorstellen, wie schwachsinnig es ist, einem Hund, wenn er sich in einer absoluten Stresssituation befindet, mit einem Kommando zu kommen? Stell Dir doch mal vor, Du glaubst, da geht es um Dein Leben und plötzlich brüllt Dir Dein Mann zu, Du sollst einen Handstand machen, oder er hält Dir Dein Lieblingsessen vor die Nase, oder, noch schlimmer, er verpasst Dir eine Ohrfeige. Geht es Dir dann besser, kannst Du Dich so entspannen? Oder wirst Du damit noch mehr unter Druck gesetzt und baust somit noch mehr Stress auf?

Stress und Entspannung – genau diese beiden Komponenten bestimmen das Verhalten eines Hundes. Stress – in welcher Form auch immer – sorgt dafür, dass der Hund auf sein in solchen Situationen erlerntes Verhaltensmuster zurückgreift, automatisch auf Autopilot schaltet. Wie ein Mensch, der unbewusst gelernt hat, z.B. bei Stress cholerisch zu reagieren oder nach einer Zigarette zu greifen. Er überlegt vorher nicht bewusst, sondern reagiert automatisch. Ich war früher (der Hypnose sei Dank ist das Vergangenheit!) der Stressschokoladenesser. Sobald ich Stress hatte, habe ich wie fremdgesteuert Schokolade in mich hineingestopft. Toll, wenn man nicht gerade den besten Stoffwechsel hat und zudem noch eitel ist!

Da diese Konditionierungen/Verhaltensmuster in unserem Unterbewusstsein verankert sind, können sie auch nur dort gelöscht, bzw. verändert werden. Bei meinen Klienten kann ich dies am effektivsten mit der Hypnose bewirken. Hypnose ist der direkte Weg zum Unterbewusstsein. Ich umgehe den kritischen Faktor (den Verstand, der etwas glaubt zu wissen, wie z.B. »ich brauche jetzt unbedingt diese Schokolade!«) und etabliere ein neues, akzeptiertes Denken im Unterbewusstsein.

Kannst Du Dir vorstellen, dass unser Bewusstsein ungefähr 10% Macht besitzt, unser Unterbewusstsein dagegen 90%? Jetzt weißt Du auch, warum es fast nicht möglich ist, etwas über unseren Willen zu bewirken. Das Unterbewusstsein, dessen Sprache Bilder und somit auch (unsere) Vorstellungen sind, hat immer höhere Priorität.

Ein Beispiel: Du hast Angst vor fremden Hunden. Du nimmst Dir vor, tapfer und souverän zu sein, wenn sich Dir ein fremder Hund nähert. Aber kaum siehst Du einen fremden Hund, dominieren die 90% Deines Unterbewusstseins, sie schicken Dir schlimme Bilder und somit auch Gedanken. Und was passiert? Du fällst sofort wieder in Dein altes Verhaltensmuster zurück, bekommst Angst und wirst nervös oder gehst ihm aus dem Weg. Deswegen bringt es auch kaum etwas, diese Situationen immer wieder zu üben. Unser Verhalten spiegelt immer nur unser Innerstes wider, wie ein Spiegel. Daher macht es auch nur Sinn, innerlich etwas zu verändern. Alles andere wäre genauso unlogisch, wie auf den Spiegel sauer zu sein, wenn mir das Bild nicht gefällt, was ich in ihm sehe. Also ändere Dein inneres Programm und Du wirst sehen, wie sich das äußere Leben dementsprechend verändert. Das nennt man übrigens das Gesetz der Anziehung.

Einen Hund kann ich leider nicht hypnotisieren und somit ein neues Programm in ihm verankern. Vom ersten Tag an, sobald der Hund das Licht der Welt erblickt, wird er über seine Sinneskanäle mit Informationen überschüttet. Egal, was er auf der visuellen (was er sieht), der akustischen (was er hört), der kinästhetischen (was er fühlt), der olfaktorischen (was er riecht) und der gustatorischen (was er schmeckt) Ebene wahrnimmt, alles wird ihn prägen. Es baut sich ein Programm, eine Konditionierung, auf, die speziell bei häufigen Wiederholungen tief in dem Hund verankert wird.

Für mich ist das erste Jahr des Hundes das dominanteste was seine Prägungen betrifft. In diesem ersten Jahr, wenn er den Schritt vom Kind zum Erwachsenen macht, hat er ein Programm aufgebaut, was ihm zeigt, wie die Welt ist. Im ersten Lebensjahr durchläuft der Hund für mich symbolisch die 18 Jahre, die ein Mensch braucht, um halbwegs erwachsen zu werden. Daher sei Dir Deiner Verantwortung bewusst! Solltest Du Deinen Hund die ersten 4 Monate vernachlässigen oder falsch mit ihm umgehen, ist das so, als ob Du Dein Kind über viele Jahre nicht richtig erziehst. Jeder Tag, jede Stunde, die Du in dieser Zeit mit Deinem Hund verbringst, prägen und sozialisieren ihn für das ganze Leben. Du hast jetzt die wunderbare Möglichkeit ihm zu zeigen, wie phantastisch das Leben an Deiner Seite für ihn sein kann!

Auch bei uns Menschen existieren diese festen Programme, auch wir sind von Kind an konditioniert worden. Wir haben ein Weltbild übernommen, das uns eingegeben wurde und vielleicht gar nicht unserem Naturell entspricht. Experten gehen davon aus, dass unser Wesen zu über 90% antrainiert ist. Als Kinder sind wir ständig wie in einer leichten Trance, wir haben keinen kritischen Filter, der verhindert, dass alle Informationen, die wir über unsere Sinneskanäle (sehen, fühlen, hören, riechen, schmecken) wahrnehmen, direkt in unser Unterbewusstsein dringen. Daher glauben wir alles, was uns unsere Eltern sagen oder was wir von unserer Umwelt vermittelt bekommen.

Wie traurig ist es deshalb z.B. für Kinder, wenn sie ständig zu hören bekommen, wie hart das Leben ist? Später, als Erwachsener, entwickeln sie manchmal eine andere Einstellung – aber wie oft haben sie mit den Programmen, die tief in ihnen verankert sind, zu kämpfen, mit diesen Sorgen und Ängsten, die sich immer wieder bemerkbar machen? Wir neigen dazu, sie Vernunft oder auch Vorsicht zu nennen. Doch diese können uns auch von Dingen abhalten, die wir eigentlich gerne tun würden und die gut für uns wären. Sie halten uns vielleicht davon ab, einen Beruf zu ergreifen, der uns am Herzen liegt, weil uns dieses Programm sagt: »Lass die Finger davon, sein vernünftig, mit diesem Beruf wirst Du nie Erfolg haben.« Das hat mit Vernunft nicht viel zu tun, das sind einfach die Glaubenssätze, die wir von unseren Eltern oder unserem Umfeld unreflektiert übernommen haben. Wir haben deren Wahrheit zu unserer eigenen Wahrheit gemacht.

Auch ich hatte diese Stimme in mir, aber da ich, Gott sei Dank, immer auf mein Herz, auf meine Intuition, höre, bin ich diesen Weg mit den Hunden und der Coach-Arbeit unbeirrt gegangen. Und mit welchem Ergebnis? Ich liebe meine Arbeit (eigentlich ist es gar keine Arbeit, sondern pures Vergnügen!), kann unglaublich viel bewirken und wunderbar davon leben. Schöner könnte es nicht sein. Also pfeif auf die sogenannte Vernunft, die Dich nur kleinhalten will, und folge Deinem Herzen!

Bei einem Hund ist es mir wichtig, dass Du begreifst, dass ich (oder Du) ihn nicht »reparieren«, sein festsitzendes Programm nicht verändert werden kann. Ein Hund, dem Menschen z.B. – egal ob beabsichtigt oder ungewollt – beigebracht haben, dass Menschen eine Bedrohung sind und er sich nur durch Aggression wehren kann, wird dieses Verhalten immer beibehalten. Das sollte Dich jetzt nicht erschrecken, denn es heißt nicht, dass diesem Hund nicht geholfen werden kann. Du würdest Dich wundern, wenn Du wüsstest, wie viele von diesen Hunden bei mir im Unterricht sind und heute voller Vertrauen mit Menschen schmusen.

Die Menschen dieser Hunde haben gelernt, dass sie die Führung übernehmen, und vermitteln dem Hund damit Sicherheit und Geborgenheit. Der Hund kann ihnen vertrauen und sich somit total entspannen. Ein entspannter Hund hat überhaupt nicht das Bedürfnis zu beißen. Oder willst Du Dich prügeln, wenn Du faul auf dem Sofa liegst und Dich rundherum wohlfühlst? Na also!

> **Einfach ausgedrückt: das festsitzende, negative Programm wird durch Stress aktiviert. Stress ist der AN- Knopf und Entspannung der AUS-Knopf!**

Das kennst Du doch auch: Wenn es Dir gut geht, gehst Du mit negativen Situationen viel gelassener um, als wenn Du Dich komplett überfordert fühlst.

Also zusammengefasst kann ich sagen, dass der Hund wieder in sein altes, oft schädliches Verhalten zurückfällt, wenn er sich in einer Stresssituation befindet. Somit ist es doch ganz einfach: Vermeide es, Deinem Hund Stress zu machen, hole ihn aus jeder Stresssituation raus, und Du wirst einen wunderbaren Hund an Deiner Seite haben!

Für einen Hund bedeutet es immer Stress, wenn er eine Situation nicht einschätzen kann, er sich überfordert oder auch bedroht fühlt, alles zu viel für ihn ist. Wenn ich lerne, diese Signale zu erkennen und solche Situationen zu vermeiden, wird er keinen Grund mehr haben, in sein altes Verhaltensmuster zurückzufallen.

Verstehst Du jetzt, warum es so schlimm für mich ist, wenn ich sehe, wie Hunde in stressigen Situationen angebrüllt, geschweige denn körperlich bestraft oder mit diversen Geschossen (wie Disk oder Dosen) beworfen werfen!? Glaube mir, so wird der Stresspegel nicht runtergehen ...

So, nun komme ich zu dem wichtigsten Punkt. Du hast mitbekommen, dass ich immer wieder von einer Führung, dem Anführer spreche.

Nun, was ist ein Anführer und wie werde ich zu einem? Keine Angst, Du sollst nicht zu einem Alphahund mutieren – egal wie sehr Du Dich auch anstrengen würdest, Du wärst eine Blamage für die Hundewelt! Es geht einfach darum, dass Du die Führung, die Verantwortung, übernimmst und die Entscheidungen fällst.

Ein Anführer ist zuerst mal niemand, der Angst, Druck und Schrecken verbreitet – das ist ein Tyrann und in meinen Augen eine arme Seele. Lass Dir bitte auch nicht erklären, dass der Hund Respekt hat, wenn Du deutlich erkennen kannst, dass er Angst hat. NIE habe ich Angst, wenn ich für jemanden Respekt empfinde. Das wäre ein Widerspruch in sich, denn Respekt lässt sich nur durch ein tiefes Vertrauen, durch Achtung, ein Aufschauen aufbauen – und wie sollte ich das schaffen, wenn ich mein Gegenüber fürchten muss?

Stelle Dir einen Anführer wie einen würdevollen König oder starke wundervolle Eltern vor. Wie jemand, der innere Stärke hat und auf Dich wirkt, wie ein Fels in der Brandung. Egal was auch passiert, was Du selbst verbockt hast, Du weißt, dieser Mensch ist da für Dich und hilft Dir wo er nur kann. Er ist streng, gerecht und sehr klar in seinen Aussagen und in seinem Verhalten, Du kannst in ihm wie in einem offenen Buch lesen und ihm bedingungslos vertrauen. Das Leben an der Seite dieses Menschen ist leicht und unbeschwert und erfüllt Dich tagtäglich aufs Neue. Das hört sich doch super an, oder?

Solche Eltern, Chefs, Freunde, Partner und Politiker bräuchten wir – die Welt wäre ein Paradies.

Aber wie sagte schon Mahatma Gandhi: »Sei Du selbst die Veränderung, die Du Dir für die Welt wünschst!« Also werde selbst zu so einem Anführer und ich garantiere Dir, Du bekommst eine Ausstrahlung, ein Charisma, das nicht nur Hunde begeistern wird!

Wahre Führung erkenne ich aber nicht unbedingt in einer angenehmen, ruhigen Situation … das wäre zu einfach! Jeder von uns kann Stärke und Ruhe in einer harmonischen Atmosphäre ausstrahlen. Wahre Führung zeigt ein Mensch erst, wenn er in einer extremen Situation seine Ruhe und sein souveränes Handeln nicht verliert.

Ich kenne Hundemenschen – selbst Hundetrainer –, die wunderbar mit ihren Hunden umgehen, solange die das machen, was sie von ihnen wollen. Aber wehe, der Hund verweigert sich …!

**Erst in einer extremen Situation
lerne ich einen Menschen richtig kennen!**
So ist es auch mit Freundschaften: Wahre, echte Freundschaft beweist sich erst dann, wenn es Dir besonders gut oder auch besonders schlecht geht. Ja, so traurig es auch ist, manche Menschen können es nicht verkraften, wenn es Dir besonders gut geht – sie fühlen sich klein neben Dir und versuchen Dich auch kleinzuhalten. Mein Tipp: Lass diese Menschen ganz schnell los und gehe unbeirrt Deinen Weg weiter.

Das habe ich übrigens auch gelernt. Unabhängig ob auf Menschen oder auf Hunde bezogen. Ein Mensch, der andere neben sich kleinhalten will, ist selbst ein ganz kleiner, erbärmlicher Wicht, egal wie sehr er sich auch aufplustert. Ein Mensch dagegen, der innerlich stark – somit groß – ist, möchte auch andere groß machen, ihnen beim Wachsen helfen.

Hunde werden bei mir nicht »untergeordnet« (ich hasse dieses Wort!). Ich möchte stolze, starke, ausgeglichene, würdevolle Hunde um mich herum haben. Hunde die noch Hund sein dürfen, ihre eigene Persönlichkeit entwickeln können und dem Menschen freiwillig und voller Freude folgen, weil es für sie nichts Schöneres gibt, als gemeinsam mit ihrem Menschen durch das Leben zu gehen.

Bei der »Shanti-Methode« laufen die Hunde aufrecht mit weichen, wedelnden Ruten neben einem her und nicht geduckt mit traurig herunterhängenden.

Was gibt es Schöneres, als einen stolzen edlen Hund an seiner Seite? Dabei spielt seine Rasse oder Größe keine Rolle. Auch ein kleiner winziger Mischling kann die Ausstrahlung eines edlen Ritters haben und ein ganz Großer sein und der größte Rottweiler kann armselig und klein wirken, wenn er ständig unterdrückt wird.

Noch heute gibt es Menschen, die Welpen von klein auf kleinhalten, sie regelrecht brechen, damit sie ihnen nie über den Kopf wachsen. Mal ganz im Ernst: Ich habe einen wunderbaren Sohn (im Moment ist er 19 Jahre). Somit war es klar, dass er irgendwann mal größer und kräftiger wird als ich. Heute kann er mir auf den Kopf spucken und hat Schuhgröße 45. Wie krank wäre ich doch als Mutter gewesen, wenn ich ihn von Säugling an brutal einschüchternd kleingehalten hätte, nur aus Angst, das er sich vielleicht mal seiner Kraft bewusst wird und sie gegen mich verwendet!

Was passiert denn in so einem Fall? Druck erzeugt immer Gegendruck – also extremen Stress. Je nach Typ des Hundes oder Menschen gibt es zwei Reaktionen: Der introvertierte passive B-Typ zerbricht an diesem Druck, der aktive extrovertierte A-Typ geht vor, wehrt sich gegen seinen Peiniger oder gibt diesen Druck an Schwächere weiter. Also bitte merk es Dir, schreibe es Dir riesengroß in roten Buchstaben ganz deutlich in Dein Herz hinein:

> **GEWALT IN JEGLICHER FORM IST ABSOLUT TABU, SIE IST IN KEINERLEI ART UND WEISE AKZEPTABEL UND HINTERLÄSST IMMER NUR LEID!!!**

Gewalt hat in keiner Beziehung etwas verloren!

Wer Gewalt einsetzt (außer natürlich in Notwehr) zeigt immer nur, wie schwach und hilflos er ist. Wer gewalttätig ist, hat vielleicht im ersten Moment einen Erfolg – aber um welchen Preis?! Ich selbst habe in meinem Leben sehr viel Gewalt erleben »dürfen«. Es ist furchtbar und lässt Deine Seele zerbrechen. Und NIE, wirklich NIE habe ich für diese Menschen auch nur annähernd Respekt, Achtung, geschweige denn Liebe empfunden, nur Trauer, Angst und Verzweiflung!

Ein wahrer Anführer ist je nach Situation sehr streng – er hat auch keine Angst mal körperlich einzugreifen, sich durchzusetzen –, aber es geht ihm nie darum zu gewinnen, den anderen Angst und Schrecken einzuflößen, sondern er hat immer das Wohl ALLER im Blick. Sein Eingreifen ist immer ein korrigieren. Eine Korrektur hat immer die Aussage »Dein Verhalten ist jetzt nicht angemessen«. Bei einer Strafe ist es die Aussage »Du bist nicht in Ordnung«. Dass ist ein himmelweiter Unterschied!

Wenn ich oder meine Hunde korrigierend eingreifen, werden wir nicht gefürchtet. Im Gegenteil, denn dadurch zeigen wir unsere Größe und Stärke und werden von den Hunden dafür noch mehr angehimmelt. Aber später noch mehr zu der richtigen Art der Korrektur.

Oft werde ich von meinen Kunden gefragt, wie lange es denn dauert, bis der Hund fertig ist. Ich kann jedes Mal nur lächelnd meinen Kopf darüber schütteln, denn es zeigt mir leider, wie auch die intelligentesten Menschen unrealistisch denken. Ich stelle dann jedes Mal die Gegenfrage, wann wir Menschen denn sozusagen »fertig« sind. Wann erreichen wir den Zeitpunkt, an dem wir IMMER richtig reagieren, uns IMMER in JEDER Situation unter Kontrolle haben und NIE mehr Fehler machen? Du merkst was ich Dir damit sagen will? **Verlange NIE etwas von Deinem Hund, was selbst ein sogenannter intelligenter Mensch NIE in seinem Leben erreichen kann!**

Ich arbeite jetzt sehr bewusst seit über 25 Jahren mental an mir. Ich habe unzählige Bücher zur Persönlichkeitsentwicklung gelesen, zahlreiche Seminare besucht, die unterschiedlichsten Therapien gemacht, mich intensiv in NLP und Hypnose ausbilden lassen, meditiere fast täglich und doch habe ich Tage, an denen ich mich selbst nicht leiden kann, mich unmöglich verhalte und das Gefühl absoluter Überforderung und auch Verzweiflung kenne. Ich denke, dass ich alle Tools und Fähigkeiten habe, um damit klarzukommen, und doch fällt es mir manchmal so schwer es umzusetzen. Es erfordert sehr viel Kraft und Disziplin seine innere Mitte nicht zu verlieren. Warum sollte es dann ein Tier besser können? Ein Tier, das nicht bewusst an sich und seinen Gefühlen und Gedanken arbeiten kann, ein Tier, dass seinen Trieben und Instinkten hilflos ausgeliefert ist! Also wache bitte auf und fange an Deinen Hund zwar mit sehr liebenden, aber auch mit realistischen Augen anzuschauen. Solange Du Dich nicht immer unter Kontrolle hast erwarte es bitte NIE von Deinem Hund! Sei geduldig, konsequent und liebevoll mit ihm. Helfe ihm durch Deine Welt zu gehen – Seite an Seite mit Dir – und vergiss bitte NIE, dass er zwar ein wundervoller

Freund, aber immer noch ein stolzes Raubtier ist. Und Du wirst sehen, dass eure Beziehung immer stabiler und schöner werden wird. Eine Beziehung braucht Zeit um sich zu entwickeln und je besser und länger man sich kennt, umso selbstverständlicher und normaler wird der gegenseitige Umgang. Ich kann nur aus eigener Erfahrung sagen, dass ich die Zeit ab dem 2. Lebensjahr mit einem Hund am schönsten finde. Er ist fast erwachsen, hat sich an meine Macken gewöhnt – so wie ich an seine – und wir sind ein eingespieltes Team, das sich tatsächlich kennt und somit auch ohne Worte versteht.

Jetzt werde ich mir selbst widersprechen – aber lass mich bitte erst ausschreiben, bevor Du den Kopf über mich schüttelst! So sehr mir in jeder Sekunde bewusst ist, dass ein Hund kein Mensch ist, so bitte ich meine Kunden ihn doch auf seine sehr gesunde Art und Weise zu vermenschlichen. Die Betonung liegt auf dem Wort GESUND. Die meisten Kunden von mir lieben ihre Hunde sehr – aber leider oft nicht immer auf eine Art und Weise, die dem Hund gut tut. Oft wird er als Kinder- oder Partnerersatz behandelt, was ihm durch Verzärtelung und Überforderung definitiv schadet.

Auf die gesunde Art zu vermenschlichen heißt für mich, dass ich ihm Gefühle zuspreche wie einem Menschen – zumindest die einfacheren Gefühle und auch Bedürfnisse. Wie ein Mensch ist der Hund in der Lage, Freude, Trauer, Leid, Angst, Überforderung, Unsicherheit, Frieden, Glück, Wut, Hass und Liebe zu empfinden. Auch seine Bedürfnisse ähneln unseren. An erster Stelle steht das Bedürfnis nach Geborgenheit, Sicherheit, und erst dann folgt das Bedürfnis nach Zuwendung, dem Bedürfnis nach einem Platz, einer Aufgabe im Leben.

Ich habe mir angewöhnt mir vorzustellen, dass ich mit einem Hund die gleichen Pflichten wie mit einem Kind übernehme. Ich habe mich freiwillig für ihn entschieden. Er stand nicht mit einem Koffer vor der Tür um bei mir einzuziehen, sondern ich habe ihn in mein Leben geholt. **Somit bin ich in der Bring-Pflicht!**

Meine Pflicht ist es dafür zu sorgen, dass es ihm bei mir an nichts fehlt, er sich wohl und geborgen fühlt und er von mir die menschliche Welt mit ihren Regel und Gesetzen gezeigt bekommt. Meine Aufgabe ist es ihn so zu erziehen, dass er sich in dieser für ihn fremden Welt wohl fühlt. In dem Moment, in dem ich mich frage, ob ich mich einem Menschen gegenüber so verhalten würde wie meinem

Hund, kann ich sehr schnell erkennen, ob ich mich fair oder unfair ihm gegenüber verhalte. Ja, halte mich ruhig für verrückt, aber ich bin der absoluten Überzeugung, dass nicht nur Menschen, sondern auch Tiere mit Respekt, Würde und Anstand behandelt werden sollten.

Das Schöne daran ist, dass mir die Hunde zeigen, dass sie sich wohlfühlen wenn ich sie so behandle, und alle meine Kunden können es auch bestätigen, dass es ihnen mit ihren Hunden genauso geht.
Für das bessere gegenseitige Verständnis möchte ich Dir zwei Grundregeln mit auf den Weg geben:

Die erste Regel lautet: Wenn Du wissen willst, wie sich Dein Hund fühlt, versetze Dich in ihn hinein.
Du bleibst z.B. ganz fasziniert vor einem Schuhgeschäft stehen und plötzlich packt Dich Dein Mann an Deinem dünnen Schal und zieht Dich mit einem heftigen Ruck weiter. Abgesehen davon, dass es sehr schmerzhaft ist, bekommst Du einen großen Schreck, und was Du über Deinen Mann denkst will ich jetzt gar nicht erwähnen. Wie anders würde es sich aber anfühlen, wenn Dich Dein Mann zärtlich in den Arm und mit einem verständnisvollen Lächeln mitnimmt – natürlich mit dem Versprechen, dass er mal mit Dir in diesen Laden geht und Dir alle Schuhe kauft, die Du Dir wünschst. Fühlt sich doch ganz anders an und eure Beziehung wird dadurch noch inniger.

Natürlich brauchst Du jetzt nicht Deinen Hund zu umarmen – es reicht vollkommen, wenn Du an seine Seite gehst und ihn sanft mit Deinem Körper sozusagen mitnimmst, ohne jeglichen Leinenruck. Glaube mir, eure Beziehung wird sich unglaublich zum Positiven verändern, wenn Du anfängst ein bisschen darüber nachzudenken, wie Dein Verhalten beim Hund ankommt.

Die zweite Regel lautet: Stelle Dir vor, Dein Hund wäre ein Mensch und würde Dich so behandeln.
Ein Beispiel dazu: Du kommst nach Hause und Dein Mann hechtet auf Dich, brüllt und springt um Dich herum und gibt Dir einen Rempler, dass es Dich fast umhaut. Glaubst Du, dass er sich so verhält, weil er sich so freut Dich zu sehen? Nein? Na also! Wenn Du auch nur halb normal bist, würdest Du diesem unverschämten Kerl die Leviten

lesen. Aber wenn Dich Dein Hund so begrüßt zerfließt Du fast und findest es soooo toll!

Oder noch ein Beispiel, das ich leider oft im Training beobachten kann: Würdest Du jemals auf die Idee kommen einem fremden Menschen zu erlauben Dein kleines Kind festzuhalten und dann wegrennen, ohne ein Wort zu sagen? Würdest Du einfach weiterrennen, auch wenn Dein Kind Dir voller Angst hinterherschreit? Keine Mutter könnte jemals so grausam sein – aber beim Hund lieben wir diese Übung! Genauso wenig verstecke ich mich, ohne Vorwarnung, vor meinem Hund. Hast Du schon mal Kinder gesehen, die verzweifelt ihre Mutter suchen? Auf diese Weise würden meine Hunde nur lernen, dass ich ein unzuverlässiger Anführer bin. Wie panisch rennen dann die Hunde umher und suchen ihren Menschen und fiepen, kläffen hysterisch, wenn sie ihn endlich gefunden haben!

Bevor ich tatsächlich aus dem Blickfeld meiner Hunde verschwinde, zeige ich es ihnen durch ein Handzeichen (BLEIB) an; so wissen sie, dass ich auf jeden Fall wieder zurückkomme oder sie bei Bedarf zu mir rufe. Natürlich haben sie zuvor in vielen einzelnen Schritten überhaupt gelernt, was das Wort bzw. das Signal bedeutet! So entsteht echtes Vertrauen!!!

Du kennst doch auch den Tipp, einfach in die andere Richtung zu gehen, wenn Dein Hund nicht kommen will ... Probiere es bitte nur, wenn Du wirklich der Anführer bist und Deine Hunde somit das natürliche Bedürfnis haben, Dir zu folgen – ansonsten wäre es der richtige Zeitpunkt sich zu verabschieden. Ich kenne genug Hunde, die Gott froh wären, endlich ihren lästigen Menschen loszuwerden ...

Einige sehr pflichtbewusste Hunde kommen auch, wenn sie Dich für ihr Kind halten, auf das sie aufpassen müssen. Ob Du wirklich der Anführer bist, zeigt sich in JEDER Situation!

Lache mich nur aus für meine Einstellung, aber habe den Mut es mal auszuprobieren. Du wirst überrascht sein, wie Dein Hund anfängt Dich anders anzusehen, anfängt Dir zu vertrauen!

Aber nun zu den wichtigsten Verhaltensweisen eines Anführers:

Leider reicht es nicht den Hund zur Seite zu nehmen und ihm mit ernsten Worten zu erklären, dass Du nun bereit bist, die Verantwortung zu übernehmen. Du wirst sehen, das bringt nichts, ich habe es auch schon probiert. Als Antwort bekam ich neben einem ungläubigen Blick eine Zunge quer durch mein Gesicht und der Hund machte weiterhin was er wollte. Hier nützen keine Worte, sondern nur Taten!

Die Führungsenergie ist das Fundament für eine gesicherte Bindung zwischen Mensch und Hund. Ich stelle sie mir immer wie einen Tisch mit 4 Beinen vor: Je ein Tischbein verkörpert für mich eine Hauptregel; erst mit allen vieren ist der Tisch stabil und ich kann so einiges draufstellen.

Die 4 Standbeine der »Shanti-Methode«

Das erste Standbein ist die Aufmerksamkeit

Auch wenn Du es schon weißt, aber wer bekommt denn in der Natur die meiste Aufmerksamkeit? Der Wichtigste oder der Unwichtigste? Je wichtiger jemand ist, umso mehr Aufmerksamkeit bekommt er geschenkt. Das ist normal und gesund. Wenn Du in eine Firma kommst und der Chef neben dem Azubi steht wirst Du automatisch (zumindest wenn Du Manieren hast) den Chef zuerst begrüßen und erst dann den Azubi. Das hat nichts damit zu tun, wer Dir sympathischer oder wer der bessere Mensch ist – es zeigt vielmehr, wer wichtiger ist, mehr Autorität hat und somit mehr Verantwortung trägt. Genauso ist es auch in der Hundewelt: das Alphapaar bekommt die meiste Aufmerksamkeit. Sie sind die wichtigsten im Familienverband, im Rudel. Sollte ihnen etwas zustoßen, ist das Leben aller gefährdet, die ganze Hierarchie gerät durcheinander! Das ist der Grund, warum sich alles um die Anführer dreht, der Fokus auf ihnen liegt. Wenn dagegen ein Welpe – so niedlich er auch ist – sterben sollte, ist die Trauer auch im Rudel sehr groß, aber das Rudel hat dadurch keine Nachteile, es entsteht kein Chaos.

Und wie verhalten sich die meisten Menschen, wenn ein neuer Hund – vor allem auch ein Welpe – ins Haus kommt? Der Kleine wird sofort der unbestrittene Mittelpunkt, alles dreht sich um ihn. Ständig wird er gestreichelt, mit Worten zugeschüttet (glaub mir, er versteht kein Wort), angeschaut ... – selbst Besuch stürzt sich sofort auf ihn. Alle sind ach so begeistert und entzückt von dem neuen Familienmitglied! Das Problem ist nur, dass ihm damit ein Rang zukommt, der ihm gar nicht zusteht, völlig unnatürlich ist.

In der Natur wird immer von unten nach oben gehuldigt – auch bei uns Menschen ist es nichts anderes. Der Wichtigste bekommt immer mehr Aufmerksamkeit als der Unwichtigste. Damit, ich wiederhole es gerne noch mal, geht es nicht um eine Wertigkeit im Sinne von wer ein besserer Mensch ist.

Als Beispiel: Wenn ein Azubi krank wird und einige Wochen ausfällt, kann die Firma ganz normal weiterfunktionieren, aber wenn der Chef ausfällt, können alle Arbeitsplätze gefährdet sein. Somit ist er eindeutig wichtiger für die Firma.

Vergiss bitte auch nicht, dass ein Anschauen fast die gleiche Bedeutung hat wie ein Anfassen! Auch hier wieder die Frage: Wie würdest Du Dich fühlen, wenn Dich ständig jemand anglotzt? Abgesehen davon überfordert zu viel Aufmerksamkeit den Hund total – alle wollen was von ihm und er kann es noch nicht einordnen. Er braucht zuerst sehr viel Zeit und Ruhe um sich in seinem neuen Leben zurechtzufinden.

Stell Dir doch bitte vor, Du kommst als kleines Kind z.B. in eine Gorillafamilie und alle sind ständig an Dir dran, sie betatschen Dich, stoßen seltsame Laute aus und beobachten Dich auf Schritt und Tritt. Dann klingelt es an der Liane und ein fremder Gorilla stürzt sich kreischend auf Dich und tatscht Dir auf dem Kopf rum … Wie anders dagegen würde es sich anfühlen, wenn Dich erst mal alle in Ruhe lassen, Dich ab und zu mal anlächeln (ja, auch das können Gorillas), recht leise sind und Dich nicht ohne Vorwarnung anfassen, sondern Dir alle Zeit der Welt lassen, um Dich bei ihnen geborgen zu fühlen. Wenn Du Dich ihnen näherst, laden sie Dich durch ein freundliches Nicken ein und jeder Besucher wird zunächst davon abgehalten, sich gleich auf Dich zu stürzen, bis Du Dich eingelebt hast. Also, wo würdest Du Dich wohler fühlen?

Ich habe so meine Erfahrung, dass ein Hund mindestens 30 Tage braucht, bis er so richtig angekommen ist und sich ca. erst nach einem halben Jahr so richtig zuhause fühlt. Es ist mittlerweile erwiesen, dass wir ca. einen Monat brauchen, um eine neue Gewohnheit anzunehmen (bei mir war es z.B. das Abgewöhnen von Zucker im Kaffee). Nach einem halben Jahr hat sich das neue Verhalten als neue Gewohnheit tief in einem verankert.

Überlege selbst, wie es sich für Dich anfühlt, wenn Du umziehst. Am Anfang ist alles neu, fremd und aufregend. Auch wenn ich von meinem Verstand her weiß, dass es jetzt mein neues Zuhause ist, fühle ich mich noch lange nicht richtig daheim. Ich sage immer Körper, Geist und Seele müssen ankommen, das Neue muss anfangen eine wunderbare Selbstverständlichkeit zu werden – erst dann bin ich wirklich angekommen!

Auch in einer Beziehung ist es so: am Anfang kennt man sich noch nicht – egal, wie fasziniert man voneinander ist –, man verstellt sich oft unbewusst, ist nicht immer echt, oft unsicher, weil man gefallen möchte. Erst wenn sich eine Art Vertrauen, Gewohnheit und Nähe aufgebaut hat, zeigt man immer mehr von sich, beginnt sich zu öffnen. Erst dann zeigt sich auch, ob diese Beziehung Zukunft haben kann. Und erst ab diesem Moment kann ich es mir erlauben eine Art Sicherheit und Beständigkeit zu fühlen, kann mich sozusagen fallen lassen.

So ist es bei einem Hund auch – nur mit dem Unterschied, dass er es sich nicht ausgesucht hat zu Dir zukommen, sondern ungefragt in diese Situation geworfen wird. Also gib Deinem Hund bitte die Zeit zum Ankommen und überfordere ihn nicht.

Leider ist immer noch in vielen Hundebüchern zu lesen, dass die Prägungszeit eines Hundes nur bis zur 16 Woche dauert und er somit so viele Eindrücke in dieser Zeit bekommen muss wie nur möglich. Resultat ist, dass die kleinen Babys überall hin mitgeschleppt werden und vor lauter Input regelrecht ausflippen. Ich habe schon mit Welpen zu tun gehabt, die nur noch gefiept oder sogar geschrien haben, die so überfordert waren, dass sie sich überhaupt nicht mehr beruhigen ließen.

Input ist gesund und wichtig – unser Gehirn braucht es um sich weiterzuentwickeln – aber wie bei allem kommt es darauf an, dass es das richtige Maß ist. Weder Überforderung noch Unterforderung sind gesund, sondern schaden dem Hund massiv.

Bitte begreife auch, dass ein Hund das Erlebte nur in der Tiefschlafphase aufarbeiten und verarbeiten kann. Ein gesunder Hund schläft bis zu 20 Stunden am Tag – bei einem Welpen kann es noch länger sein. Schlaf ist nicht nur für die Verarbeitung und Erholung wichtig, sondern auch für die Muskulatur. Muskeln wachsen nicht in der Trainings-, sondern in der Ruhephase; das heißt, dass die Ruhephasen, die Schlafphasen, für die geistige und körperliche Entwicklung eines Hundes (natürlich auch eines Menschen) lebenswichtig sind.

Jetzt kannst Du sicher verstehen, warum sich aus vielen süßen Welpen vollkommen durchgeknallte, unglückliche erwachsene Hunde entwickeln. Wie oft bekomme ich es mit, wenn ich nach Hause zu meinen Kunden gehe, wie ständig am Hund rumgemacht wird. Sobald er sich hinlegt, wird er gestreichelt oder die Kinder toben um ihn herum, fallen auch gerne über ihn. Die wenigsten Hunde bekommen die Ruhe, die sie auch tatsächlich benötigen. Und gerade Welpen, die die Ruhe am dringendsten brauchen, werden wie Puppen überall hin mitgeschleift und stehen ständig im Mittelpunkt.

Für mich gibt es eine gesunde Regel: Ca. jeden zweiten Tag gibt es eine fremde Situation für den Welpen. Ich besuche z.B. ein Café mit ihm oder lade Besuch (natürlich auch hundischen) zu mir ein. Dann ist für den Tag wieder Ruhe angesagt, wie für den kommenden auch. So begreift der Hund auch sehr schnell, wer wirklich zur Familie gehört. Wie soll der Kleine das auch sonst wissen, wenn die Leute sich die Klinke in die Hand geben? So wird er in seiner Entwicklung intensiv gefördert und doch nicht überfordert. Und eine ganz große Bitte habe ich an Dich: komme nie auf die Idee, dass der Kleine wirklich alles erlebt oder kennengelernt haben muss. Das ist vollkommener Quatsch. Ich bin jetzt 47 Jahre alt und doch erlebe ich immer wieder Situationen, die mir vollkommen fremd sind und Wunder oh Wunder, ich drehe nicht durch.

Vor einigen Jahren wurde ich für ein Hundetraining nach Lanzarote gebucht. Unter anderem war Kabir ein Kunde von mir – ein wunderschöner toller Hund, der aber nur das Inselleben außerhalb eines Hauses kannte. Keine Leine, kein Auto, nichts außer seinem wunderbaren Frauchen, dass ihn über alles liebte, ihm aber alle Freiheiten lies. Das Thema war aber, dass sie 6 Wochen später nach Köln ziehen wollte und Kabir natürlich mit sollte. Und was soll ich sagen? Kabir liebt mittlerweile die Großstadt und ist ein durch und durch genialer Hund geworden, der alles mit einer unglaublichen Gelassenheit meistert und das nur, weil er seinem Menschen absolut vertrauen kann.

Das Wichtigste ist, dass der Hund Dir vertraut, dann wird er alles Fremde souverän und gelassen meistern, wenn Du ihm signalisierst, dass alles in Ordnung ist.

Für mich ist das erste Jahr des Hundes am prägendsten und somit am wichtigsten. In einem Jahr durchläuft der Welpe, wie schon erwähnt, eine Entwicklung, wie wir Menschen innerhalb von 18 Jahren! Einfach unglaublich, wenn man so darüber nach denkt, oder?

Dieses erste Jahr zeigt dem Hund, wo er im Leben steht, welchen Stellenwert er in der Familie hat und welche Aufgaben seine sind. Zudem hat er gelernt mit fremden Menschen und Hunden (im Idealfall) Positives zu verbinden. Natürlich kann sich immer noch vieles in späteren Jahren beim Hund verändern – aber wie bei uns Menschen entscheiden die ersten Jahre, in welche Richtung wir und somit sich auch unser Leben entwickelt.

Das ist auch der Grund, warum ich meine Kunden immer bitte im ersten Jahr ganz besonders konsequent und auch sensibel mit dem Hund umzugehen. Er sollte auf keinen Fall in Watte gepackt werden, aber ich sollte beschützend an seiner Seite stehen, damit er möglichst keine traumatischen Erfahrungen macht. Das heißt Du solltest den Unterschied kennen, ob er z.B. von fremden Hunden korrigiert oder angegriffen wird. Manchmal kann ein Angriff harmloser aussehen als eine Korrektur, aber wenn Du genau hinsiehst bzw. lernst in Deinem Hund zu lesen, erkennst Du sehr schnell, wann es nötig ist einzugreifen.

Meine Hunde arbeiten Hand in Pfote mit mir, was bedeutet, dass sie auch sehr korrigierend eingreifen. Wenn Du genau hinsiehst, erkennst Du sehr schnell den Unterschied eines Angriffs und einer Korrektur.

Glaube mir, ein Hund, der ernsthaft attackiert wird, himmelt seinen Peiniger nicht an – entweder attackiert er zurück oder hat nur noch panische Angst vor ihm. Also schaue Dir Deinen Hund immer an und Du wirst sehr schnell erkennen, wie er sich in einer Situation fühlt.

Also ich wiederhole es noch einmal: überschütte Deinen Hund nicht mit zu viel Aufmerksamkeit, lasse ihm genug Zeit und Ruhe, damit er alles Erlebte und Erlernte auch Verarbeiten kann.

Je selbstverständlicher – im gesunden Sinn – Du Deinen Hund siehst, umso besser. Ich liebe meine 3 Schätze über alles und doch habe ich auch ein Leben ohne sie. Das heißt ich gehe auch mal ohne sie aus, habe auch Freunde, die keine Hundenarren sind, beachte sie manchmal stundenlang nicht, wie jetzt, wenn ich an diesem Buch schreibe, und doch wissen sie, dass sie sich 100% auf mich verlassen können und fühlen sich geliebt.

Gerade wir Frauen haben ja immer Angst, dass der Hund nicht genug Liebe von uns bekommt – das ist Quatsch! Wenn Du ihn wirklich liebst wirst Du es vor dem Hund nicht verstecken können, Deine Liebe leuchtet aus jeder Deiner Körperpore heraus. Wenn Du eine Aura-Fotografie von Dir machen lassen könntest, wärst Du hin und weg wenn Du die wunderschönen Farben um Dich herum sehen könntest.

Also bitte zweifle nie daran, dass Dein Hund nicht Deine Liebe spürt und glaube nicht, dass Du es ihm jeden Tag durch endloses Streicheln und verbale Liebkosungen beweisen musst. Stell Dir das mal bei Deinem erwachsenen Kind vor – Du würdest es einfach nur unsagbar nerven!

Das zweite Standbein ist der *Fre*
– auch im Sinne von Rechten!

Ich bin doch immer sehr überrascht, wenn ich sehe, ... Rechte die meisten Kundenhunde haben, wenn ich zu ihnen komme. Der Hund ist der erste, der mich an der Tür »begrüßt«, er kann in den Garten wann er will, draußen entfernt er sich unglaublich weit von seinem Menschen, rennt zu jedem fremden Menschen oder Hund, zieht den Menschen hinter sich an der Leine her und verbellt jeden, der am Haus oder am Auto vorbeiläuft.

Nicht nur, dass viele dieser Verhaltensweisen nerven, es ist auch für den Hund eine absolute Überforderung, denn es bedeutet sehr viel Arbeit für ihn. Wenn er keinen konkreten Job hat und alles darf, sieht er auch ALLES als seinen Job an. Du hast ihm durch zu viel Freiraum unbewusst zu verstehen gegeben, dass es sein Job ist, das Haus und auch das Auto zu bewachen. Genauso glaubt er, dass er draußen auf Dich aufpassen und somit jeden abchecken muss, der sich Dir nähert. Stress pur! Fehlt nur noch, dass er glaubt die Kinder erziehen und den Haushalt schmeißen zu müssen! Obwohl ich genug Hunde kenne, die sogar das unermüdlich probieren!

Auch hier wieder meine Frage an Dich: Wer hat denn in der Natur den meisten Freiraum, darf am meisten? Der Wichtigste oder der Unwichtigste? Normal ist es, dass die Rechte, der Freiraum, mit den Pflichten, der Verantwortung entsprechend, wachsen.

Wenn Du z.B. zwei Söhne hast, sagen wir 5 und 15 Jahre alt, ist es doch für Dich normal, dass der ältere Sohn abends länger draußen bleiben kann als der 5-jährige. Je mehr Pflichten Dein Sohn in der Familie übernimmt, je wichtiger er somit für die Familie wird (Achtung: es geht hier nicht um Gefühle!), und Du ihm vertrauen kannst, umso mehr Freiheiten darf er sich erlauben.

Diese Freiheiten fordern immer, Du zahlst Deinen Preis dafür. Je mehr Rechte, umso mehr Pflichten, das ist nun mal der Deal. Ein Chef einer großen Firma hat alle Freiheiten und Rechte, aber auf ihm lastet auch die gesamte Verantwortung. Wenn Du Dir aber nur die Rechte rausnimmst und nicht bereit bist, auch dementsprechend die Verant-

Wir wissen doch selbst wie unglaublich unglücklich (und sorry, auch total verzogen) die Kinder früher waren, deren Eltern sie anti-autoritär erzogen haben. Eine frühere Freundin von mir hatte dieses »Glück« und nie werde ich den Satz von ihr vergessen: »Klar darf ich alles, ist meinen Eltern doch egal was ich mache, ich bin ihnen doch vollkommen egal!«

Ich möchte mich jetzt auch ganz aufrichtig bei allen meinen früheren Lehrern entschuldigen, die unsere Freunde sein wollten und wir Schüler richtig grausam zu ihnen waren. Heute weiß ich, dass wir Schüler keinen Lehrerfreund haben wollten, der mit uns auf einer Stufe steht. Natürlich wollten wir auch keinen Lehrer, der Furcht und Schrecken verbreitet. Wer war denn Dein Lieblingslehrer? Ich fand immer die toll, die zwar streng, aber auch sehr fair und gerecht waren, die mich respektiert und auch für voll genommen haben.

Mache nie den Fehler und rechne mit einem Wunder, das plötzlich eintritt, wenn der Hund erwachsen ist. Ich glaube zwar auch aus tiefstem Herzen an Wunder, aber mehr in der Art, dass ich einen ganz großen Teil selbst dazu beitragen muss. Es ist nicht möglich, dass Du ohne die richtige Erziehung plötzlich einen phantastischen, folgsamen Hund haben wirst – selbst mit der richtigen Erziehung wird er nicht immer so sein. Aber wie heißt es so schön? »Nicht immer, aber immer öfter«!

Abgesehen davon zeigt auch der eigene Raum (Deine ganz eigene Individualdistanz) wie wichtig Du bist. Ein König, ein wichtiger Mensch mit viel Verantwortung, strahlt oft eine unbewusste Aura der Autorität, der Macht, aus, sein Selbstbewusstsein ist nicht zu übersehen. So ein Mensch wird automatisch anders behandelt als ein »kleiner«, unsicher wirkender Mensch. Seine Bewegungen sind klar, ruhig, raumgreifend – er beansprucht Raum!

Auch seine Stimme verschafft sich Raum – meist redet er bedacht und eher mit einer Herzstimme, also ruhig, tief, klar und deutlich –, er verschafft sich somit auch Gehör! Brüllen, geschweige denn ein hysterisches Kreischen oder ein unsicheres Stottern wird man sicher niemals von diesem Menschen hören.

Der allergrößte Unterschied zwischen einem Anführer und einem »normalen« Menschen ist aber, dass er seine Emotionen immer unter Kontrolle hat und ihnen nicht ausgeliefert ist. Und das erfordert wirklich sehr disziplinierte Arbeit an sich selbst.

Kein halbwegs normaler Mensch würde auf die Idee kommen auf Angela Merkel zustürmen, ihr auf die Schulter zu klopfen und sie mit »gut (je nach politischer Einstellung auch mit »schlecht«) gemacht, Mädel!« ansprechen. Das wäre eine bodenlose Unverschämtheit. Natürlich würden wir in einem größeren Abstand zu ihr stehen bleiben und erst dann, wenn sie uns sozusagen einladen würde, in ihren ganz eigenen Individualbereich eintreten.

Es gibt nur zwei bewusste Gründe warum ich jemandem sehr nahe komme: entweder weil ich ihm sehr vertraut bin und die Nähe genieße, oder weil ich meine Macht zeigen will und den anderen bedränge, in seinen Individualbereich eindringe, ihn womöglich zurückdränge, ihm also seinen Raum nehme.

Natürlich gibt es auch Situationen, in denen sich Nähe gezwungenermaßen ergibt, z.B. im Fahrstuhl. Aber was machen wir dann? Wir schauen bewusst in eine andere Richtung oder betrachten interessiert die wunderbare Decke oder die buntleuchtenden Knöpfe. So fühlt sich keiner bedroht. Falls aber jemand diese unausgesprochene Regel der Höflichkeit nicht beherrscht und uns anstarrt, fühlen wir uns unwohl und verlassen meist schneller den Fahrstuhl als eigentlich geplant.

Also merke Dir: ein Anführer beansprucht sehr viel Raum um und für sich. Im Klartext: Es ist eine Unverschämtheit, wenn ein Hund einfach auf einen zugestürmt kommt und sogar noch die Frechheit besitzt, an einem hochzuspringen und NEIN, es hat eindeutig nichts mit Freude zu tun! Falls Du aber immer noch darauf bestehst biete ich mich gerne an um Dich das nächste Mal so zu begrüßen. Ich werde Dich im wahrsten Sinne des Wortes ohne Vorwahrung anspringen und umhauen. Ich bin jetzt schon auf Deine Worte gespannt, wenn Du Dich vom Boden wieder aufgerappelt hast.

Kein normaler Hund würde einen Hund, der mental stärker ist, so begrüßen. Meine Hunde haben eine natürliche Führungsenergie und jedes Mal werden sie unterwürfig und begeistert begrüßt. Das heißt die anderen Hunde lecken ihnen die Lefzen, winden sich schwanzwedelnd und je nach Hund wird auch leise gefiept. Die stolzen starken Hunde neigen sich zu meinen Hunden, begrüßen sie ruhig von Angesicht zu Angesicht und laufen dann Seite an Seite mit ihnen – jedoch immer mit einem gesunden Abstand. Damit zeigen sie sich gegenseitig Respekt und tiefe Anerkennung.

So sollte auch die Begrüßung mit dem Menschen stattfinden. Wenn ich nach Hause komme sind meine Hunde sehr ruhig und entspannt, sie kommen mir sehr sanft, weich wedelnd entgegen, vielleicht wird auch mal gegrinst (das beherrschen Simba und Nala perfekt). Aber NIE würde es einer von ihnen wagen an mir hochzuspringen! Ihr könnt mir glauben, es ist herrlich entspannend so begrüßt zu werden. Voller Ruhe und Respekt. Ich nicke ihnen meistens nur zu und setzte mein Tun fort. Es ist ja nichts Aufregendes passiert, bin einfach nur wieder da, also kein Grund hysterisch zu werden.

Nur der Anführer (immer daran denken, Anführer im Sinne von »der trägt die Verantwortung und entscheidet somit auch«) hat das Recht zu gehen und zu kommen wann er will.

Meistens sehen die Begrüßungen aber ganz anders aus wenn der Mensch nach Hause kommt. Hysterisch wird gekläfft und auch am Menschen hochgesprungen, woraufhin der Mensch den Hund auch übertrieben begrüßt, sei es durch ein Streicheln oder, im »Idealfall«, auch noch mit hoher Kopfstimme. Der Hund flippt regelrecht aus. Ich kenne sogar Fälle, in denen die Hunde vor lauter Begrüßungsstress umkippen oder z.B. (falls mehrere Hunde vorhanden sind) aufeinander losgehen. Das hat doch mit Freude wirklich nichts mehr zu tun!

Ich werde versuchen Dir zu erklären was hier abläuft: Du weißt ja, für mich ist lernen nur dann sinnvoll, wenn es nicht nur in Deinem Verstand stattfindet, sondern wenn Du es wirklich, mit jeder Faser Deines Körpers, begreifst, es tief in Dir verankerst und es auch umsetzt. Nur gelebtes gefühltes Wissen wird es Dir ermöglichen, es tatsächlich auch in der Realität umzusetzen. Mein Wunsch wäre es, dass es irgendwann mal komplett normal, ein Automatismus für Dich sein wird, richtig zu handeln. Wie beim Autofahren. Jeder hat sich am Anfang total deppert angestellt und dennoch haben es die meisten mit der Zeit so verinnerlicht, dass sie heute wie fremdgesteuert sehr gut Auto fahren.

Gerne sage ich auch meinen Kunden vor dem Training: »Lasst euren Verstand ruhig im Auto, er kann sich jetzt gerne ausruhen. Nehmt nur euer Gefühl, eure Wahrnehmung und eure Intuition mit!« In dem Moment, wo Du versuchst Deinen Hund mit Deinem

Verstand zu begreifen, bist Du auf dem falschen Weg. Sei wie eine Mutter, die instinktiv richtig mit ihrem Kind umgeht.

Irgendwann wirst Du den Zustand der unbewussten Kompetenz erreichen. Du siehst Deinen Hund an und ohne auch nur eine Sekunde darüber nachzudenken wirst Du sofort wissen, was Dein Hund Dir sagen will und Du wirst instinktiv richtig handeln. Du wirst sehen, dieser Zustand ist wunderschön! Da kann man richtig süchtig nach werden! Du wirst Dir 100% sicher sein, ohne darüber nachdenken zu müssen und das Feedback Deines Hundes wird es Dir bestätigen.

Also zurück zu der meist üblichen Begrüßungszeremonie. Ich übersetze es mal ins menschliche: Der Hund hat die Verantwortung für den Menschen übernommen, glaubt somit, dass der Mensch ohne ihn draußen nicht zurechtkommt. In etwa so, als ob Dein Kind einfach abhaut, die Tür hinter sich absperrt und Du jetzt keine Ahnung hast, ob es jemals wieder heil nach Hause kommt. Also ich könnte mich dann nicht entspannt auf die Couch legen und in Ruhe lesen. Ich wäre fix und fertig, würde mir unglaublich Sorgen um mein Kind machen. Dann endlich kommt der Mensch nach Hause. Kein Wunder, dass der Hund jetzt ausflippt! Das »an-dem-Menschen-hochspringen« heißt nichts anderes, als dass der Hund einem Raum nimmt (Du weißt ja jetzt, je weniger Raum, umso weniger Rechte), es ist eine sehr starke Art der Korrektur. Eigentlich liest Dir Dein Hundeschatz die Leviten – so wie ich es mit meinem Kind machen würde, wenn es endlich nach Hause käme. Ich wüsste dann auch nicht, ob ich ihm lieber den Hintern versohlen, oder es mit Küssen überschütten soll. Ich wäre zumindest recht hysterisch und natürlich müsste mir mein Kind versprechen, dass es mir so einen Schreck nie wieder einjagen wird. Mein kleines Kind würde sich natürlich (hoffe ich zumindest) entschuldigen und mir mit hoher Stimme versprechen, dass es so einen Quatsch nie wieder machen wird. Tja, erkennst Du Dich in der Rolle des Kindes wieder? Das Blöde ist nur, dass die meisten Menschen am nächsten Tag wieder zur Arbeit gehen …

Im Idealfall ist es so, dass die Mutter aus dem Hause geht und die Kinder (natürlich erst wenn sie alt genug zum allein bleiben sind) sich zuhause wohlfühlen. Wenn die Mutter wieder nach Hause kommt, wird sie freundlich lächelnd begrüßt und gut ist.

Toll ist natürlich noch der Tipp, dass man sich umdrehen soll wenn der Hund einen anspringt. Super, eine bessere Bestätigung kannst Du ihm wirklich nicht geben! Übersetzt sagst Du ihm damit eindeutig: »Ja, ich weiche, ich mache Dir Platz«. Jahre später wird er immer noch an Dir oder fremden Menschen hochspringen und Du wirst ihn weiterhin bestätigen.

Genauso kann ich nur über die Vorstellung traurig den Kopf schütteln wenn es heißt, man soll den Hund fest auf die Hinterpfoten treten oder ihn mit dem Knie in den Bauch stoßen. Hallo? Wir sind doch keine kranken Psychopathen! Willst Du anfangen mit Deinem Hund zu kämpfen? Ihm beweisen, dass man sich bei Dir auf keinen Fall wohlfühlen kann?

Dabei ist es doch so einfach. Die Wahrheit ist immer sehr einfach. Vom ersten Moment an, wenn Du Kontakt mit einem Hund hast, beanspruche Deinen Raum. Das heißt, dass die Hunde nur freundlich und respektvoll in Deine Nähe dürfen. Ich fing damit schon beim Züchter an. Die Welpen, die frech an mir hochspringen wollten, wurden sanft, aber bestimmend, weggeschoben, ohne sie dabei anzusprechen oder anzuschauen. Die Geduldigen, die Ruhigen, Höflichen dagegen wurden sofort in meine Nähe eingeladen und bis zum geht nicht mehr durchgeknuddelt. Ha, Du kannst Dir gar nicht vorstellen, wie schnell den Babys klar wurde, dass sich Höflichkeit lohnt und Frechheit nichts bringt! Wie die kleinen Zinnsoldaten saßen sie oft geduldig vor mir und warteten, bis sie an der Reihe waren.

Sollte trotzdem ein Hund an Dir hochspringen, weise ihn sofort von Dir weg. Ich mache das, indem ich mich sozusagen gegen ihn lehne, so als ob ich ihn zurück anremple. Ich lehne mich wie gegen eine unsichtbare Wand gegen ihn. Ich weiche keinen Zentimeter zurück, sondern zeige ihm durch mein Verhalten, dass ich Raum beanspruche. Wenn Du das mit der richtigen Einstellung machst, hast Du sofort dauerhaften Erfolg! Stell Dir vor Dein Partner geht so unverschämt mir Dir um. Mache ein für alle Mal klar, dass so ein Verhalten ab sofort NIE wieder toleriert wird.

Aber Du kannst schon vorbeugen. In dem Moment wenn Du siehst, der Hund rennt los, gehst Du mit angespannter Körperhaltung auf ihn zu und streckst Deine Hand aus, wie als wolltest Du ihn abbremsen.

Achte auch darauf, wie Du Deine Wohnung oder einen fremden Raum betrittst. Kommt ein König rein, oder ein unterwürfiger Mensch? Dementsprechend wie Du einen Raum betrittst wirst Du auch begrüßt werden. Das kannst Du übrigens sehr gut in Geschäften üben. Je nach Haltung werden die Verkäufer sofort wittern, ob es sich lohnt Dich zu bedienen! Wirst Du als Kunde hofiert oder übersehen? Mit Geschäft meine ich jetzt natürlich keinen Discountmarkt, sondern ein edles Einzelhandelsgeschäft. Ich persönlich übe am liebsten in edlen Schuhgeschäften.

Das Problem mit der Individualdistanz ist jedoch, dass man sie nicht einhalten kann, wenn einem immer wieder versucht wird einzureden, dass Du Dich Deinem Hund interessant machen sollst, im Sinne eines Animateurs. Ich sehe es leider oft schon in den meisten Welpengruppen, wie sehr sich die Hundehalter zum Deppen machen, damit die Kleinen auf sie reagieren. Sie hüpfen, kreischen in den höchsten Tönen und werfen mit Gegenständen um sich. Tja, kann schon sein, dass das die Welpen amüsiert und sie wissen wollen, was denn um Gottes Willen in Dich gefahren ist – nur ob sie Dich als Anführer, als jemand, dem sie vertrauen können, empfinden, bezweifle ich doch sehr!

Im Gegenteil, der Welpe lernt sehr schnell, dass er sich Dir gegenüber respektlos verhalten, unkontrolliert an Dir hochspringen oder Dich am Weitergehen hindern darf, indem er sich in Dein Hosenbein verbeißt – und nein, auch das ist nicht süß!!!

Der Welpe braucht Dich nicht als Kumpel, als Spielgefährten, dafür hat er die anderen Welpen und Junghunde. Was er von Dir braucht ist sozusagen ein Ersatz für seine Eltern.

Ein gesunder Welpe würde NIE an einem fremden erwachsenen Hund hochspringen; er nähert sich ihm vorsichtig und devot, eventuell uriniert er beschwichtigend. Mittlerweile sollte es wirklich jeder wissen, dass es keinen Welpenschutz gibt! Manchmal nicht mal in der eigenen Familie. Nicht jede Hündin liebt und umsorgt liebevoll ihre eigenen Welpen. Daher verhalten sich die Welpen respektvoll, weil sie sonst was erleben könnten!

Tja, auch da ähneln wir manchmal sehr den Hunden. Wenn wir als intelligente Spezies dazu in der Lage sind uns gegenseitig umzubringen – sogar hilflose Kinder – können wir von einem einfachen Tier doch kein sozialeres Verhalten erwarten. Die wenigsten Hunde finden Welpen niedlich, meistens nerven sie sie eher, aber es ist halt ein notwendiges Übel sie zu vollwertigen Familienmitgliedern zu erziehen.

Die meisten Hundeeltern sind sehr streng, spätestens wenn die Welpen abgestillt sind, fängt der Ernst des Lebens an. Die restliche Hundefamilie nimmt sich die Kleinen vor und zeigt ihnen unermüdlich, wie das Leben zu funktionieren hat.

Aber was passiert mit unseren Welpen? Kaum sind sie bereit für die Erziehung, werden sie von ihrer Familie getrennt und kommen in ein fremdes Haus, in dem eine vollkommen fremde Spezies lebt. Dann werden sie, meistens schon ein paar Tage später, zu einem Platz gebracht, auf dem andere Welpen sind, die genauso aus ihrer heilen Welt gerissen wurden. Und dann geht die Post ab! Alles geht kreuz und quer durcheinander und die komischen Wesen, bei denen der Kleine eingezogen ist, verhalten sich ganz durchgeknallt (siehe oben). Dann wird der Welpe abwechselnd hin und her gezogen, er muss sich hinhocken, dann wieder zu einem kommen, Futter wird in ihn hineingeschüttet und zwischendurch heißt es immer wieder »Attacke!«, alle werden aufeinander losgelassen! Und in all diesem Wahnsinn soll sich ein gesunder Hund entwickeln?

Würdest Du jemals auf die Idee kommen Dein Kind in einen Kindergarten zu bringen, in dem es nur einen Erzieher gibt und das ist ein Hund?

Leider heißt es immer noch in den meisten Hundebüchern, dass eine Welpengruppe unbedingt sein muss. Bitte glaube das nicht! Keiner meiner Hunde war jemals in einer Welpengruppe (ok, dass stimmt nicht ganz. Mit Simba war ich mal ganze 20 Minuten dabei, dann haben wir uns ganz schnell aus dem Staub gemacht, nachdem ich mir anhören musste, dass ich keine Ahnung habe und dass das so nie was wird mit dem Hund und mir, *lol) und alle wurden wunderbare Hunde, ja sogar wunderbare Zieheltern für Welpen! Ein Welpe soll auf jeden Fall gute soziale Hundekontakte haben, aber es müssen nicht nur Welpen sein!

Natürlich habe ich auch Kunden, die mit einem Welpen zu mir kommen. Der Unterricht fängt damit an, dass ich den Kunden mit einem meiner Hunde zuhause besuche. In der Zeit, in der ich dem

Menschen die wichtigsten Punkte für seinen Hund erkläre, bekommt der Welpe Einzelunterricht von Nala oder Shanti. Sehr schnell baut sich so Vertrauen auf und der Kleine lernt gleich, dass auch fremde Hunde in sein Zuhause kommen können. Dann kann der Welpe mit seinem Menschen bei der Welpenfrüherziehung bei mir mitmachen.

In der Gruppe sind meisten nicht mehr als 4 Welpen (im Alter von vielleicht 8 Wochen bis 6 Monaten; bei mir gilt ein Hund bis zu seiner Pubertät als Welpe) und IMMER auch erwachsene Hunde, meist auch noch zusätzlich fremde (Onkel und Tanten) zu meinen eigenen. Sobald die Welpen zu grob miteinander umgehen, greifen wir Menschen, oder auch die erwachsenen Hunde, ein. Es ist einfach wunderbar zu sehen, wie selbstbewusst und höflich sich die Welpen auf diese Art entwickeln.

Natürlich ist es fast für niemanden möglich diese Art der Welpenerziehung umzusetzen. Nicht jeder hat erwachsene Hunde, die erzieherisch eingreifen und ehrlichgesagt ist es auch finanziell fast nicht tragbar. Es rentiert sich nicht, aber es ist eine wunderschöne Investition in glückliche Hunde und Menschen.

Meide bitte auf jeden Fall Welpengruppen, in denen Masse statt Klasse herrscht, und habe den Mut Deinen Hund zu beschützen und auch dem Trainer mal Paroli zu bieten.

So hart es auch klingt, es gibt mehr als genug Trainer, die absolut unfähig sind. Sorry, aber diese Wahrheit muss einfach mal ausgesprochen werden! Leider ist es mein Hauptjob diese Hunde zu »reparieren« und somit nehme ich mir das Recht auch mal Klartext zu reden.

Bei uns kann sich jeder Hundetrainer auch/oder Verhaltenstherapeut nennen, unabhängig von seiner Qualifikation. Mit Qualifikation meine ich keinen Wisch, kein Diplom, keine sogenannte Ausbildung – falls überhaupt vorhanden! Mit Qualifikation meine ich, dass dieser Mensch fähig ist, in den Hunden zu lesen und auch in der Lage, das dem Hundehaltern plausibel zu vermitteln, und das er Hunde tatsächlich liebt (und sie ihn).

Mein Gott war ich früher naiv, denn ich setzte das als Bedingung für diesen Beruf voraus. Also lass Dich nicht von einem Auftreten blenden oder von irgendwelchen Scheinen beeindrucken, sondern sieh genau hin, lerne am besten die Hunde des Trainers kennen (sie sind das Ergebnis seiner Arbeit) und ganz wichtig, achte darauf, wie sich Dein Hund dem Trainer gegenüber verhält. Hunde sind da meistens sehr viel klüger als wir. Lass Dich auch von der sogenannten Erfahrung nicht täuschen. Ich kann auch 30 Jahre etwas mehr schlecht als recht machen. Es gibt auch blutige Anfänger, die das richtige Gespür für Hunde haben, die mit Herz und Seele dabei sind. Entscheide auch hier mit Deinem Hund gemeinsam, ihr sollt euch beide wohlfühlen. Und höre immer zuerst auf Dein Herz! Vergiss nie, dass Du Kunde bist, dem Trainer sein Leben finanzierst! Somit sollte es mehr als selbstverständlich sein, dass Du voller Anstand und Respekt behandelt wirst – genauso wie Dein Hund!

Wir Trainer sollten unseren Kunden dankbar für ihr Vertrauen und ihre Treue sein, nicht umgekehrt! Es ist unsere Aufgabe dafür zu sorgen, dass Du Dich mit Deinem Hund bei uns wohl fühlst. Das heißt nicht, dass wir uns verbiegen oder nicht Klartext reden sollen, aber ein höflicher Ton sollte selbstverständlich sein. Eigentlich traurig, dass ich so etwas überhaupt erwähnen muss, aber dank meiner Kunden weiß ich, dass es anscheinend nicht immer selbstverständlich ist.

Und noch einmal: nicht jeder Hund muss in eine Welpengruppe, genauso wie es auch Kinder gibt, die ohne Kindergarten zu wunderbaren Erwachsenen heranwachsen. Wichtig ist der regelmäßige soziale Kontakt mit anderen Hunden, am besten mit vorbildlichen Erwachsenen. Ich kann mich noch gut an ein Erlebnis erst vor kurzem erinnern. Ein junger Rhodesian Ridgeback hatte Einzelunterricht mit mir und meinen Hunden. Es kam uns ein Radfahrer entgegen und es war ganz klar zu erkennen, dass dieser Hund sofort hinterherrennen wollte. Kurz bevor er losspurtete, warf er einen Blick auf meine Hunde – denen sind Radfahrer so was von schnuppe – und sofort verwarf er sein Vorhaben. Meine Hunde haben ihm durch das Ignorieren des Radfahrers gezeigt, dass es sich nicht gehört diesem hinterherzurennen. Diese einzige Lektion hat gereicht. Jeder Radfahrer kann nun ungehindert an dem Hund vorbeifahren. Tja, so einfach kann es sein!

Aber denke bitte immer daran, genauso wenig wie alle erwachsenen Menschen sozial und gut erzogen sind (man brauche nur mal in so eine Talkshow reinzappen) sind auch alle erwachsenen Hunde als Vorbild geeignet.

Hunde kommen genauso wenig sozial zur Welt wie wir Menschen. Wir kommen mit der Fähigkeit zur Welt, uns zu sozialen Lebewesen zu entwickeln. Aber das schaffen können wir nicht alleine. Es kann uns auch kein anderer Mensch sozial erziehen, der genauso unerfahren ist wie wir. Es geht nur, wenn uns jemand symbolisch an die Hand nimmt und uns beibringt, was ein soziales Miteinander bedeutet und es uns natürlich auch vorlebt. Und das ist eigentlich das Wunderbare.

Die eigentliche Erziehung findet fast immer nebenbei statt. Wir leben es doch vor, wie wir uns anderen gegenüber verhalten. Sorry, aber wenn Du ein absoluter Griesgram bist und keinen Menschen leiden kannst, warum erwartest Du dann, dass Dein Hund fremde Hunde freundlich begrüßt?

Keine Mutter würde auf die Idee kommen ihr Kind mit der Aufforderung zu sich zu rufen: »So Schätzle, jetzt erziehe ich Dich mal für eine Stunde!« Erziehung findet 24 Stunden am Tag statt!

Ich bin 24 Stunden am Stück Mutter für meinen Sohn und auch Anführer für meine Hunde und nicht nur die eine Stunde Unterricht in der Woche, die ich in einer Hundeschule bin! Ich bin auch immer Mutter und Anführer, unabhängig, ob ich mich krank oder mies fühle, egal ob ich frisch verliebt bin oder ob gerade mein Herz gebrochen ist, egal ob ich Sorgen habe oder vor lauter Glück die ganze Welt umarmen könnte. Heftig, oder? Aber das ist nun mal die Wahrheit. Entweder bin ich es oder ich bin es nicht, und zwar nicht auf einem Stück Papier (Kaufvertrag über den Hund), sondern mit meinem ganzen Wesen!

Also entscheide Dich hier und jetzt ganz bewusst dafür, von diesem Moment an ein würdiger Anführer für Deinen Hund zu sein!

Das dritte Standbein ist die richtige Art des *Lobs*

Ein Lob heißt eigentlich immer »JA«! Wie lobst Du Deinen Hund? Die meisten machen es immer noch, indem sie den Hund übertrieben, mit hoher Stimme, verbal loben (FEEIIIINNNN!!!!) und ihm evtl. noch ein Leckerle geben.

Uh, es fällt mir richtig schwer Dir das zu sagen. Aber bitte mache es nicht mehr so! Ich entschuldige mich aufrichtig, wenn ich Dir wie ein Spielverderber vorkomme, ich mache es ganz sicher nicht extra!

Aber es muss halt mal am Gerüst gerüttelt werden, damit die alten Halbwahrheiten runterpurzeln. Denn genau um so was handelt es sich, um Halbwahrheiten, und so hart es sich auch anhören mag: eine halbe Wahrheit ist immer eine ganze Lüge.

Woher kommen aber diese Halbwahrheiten? Kennst Du das Spiel »Stille Post«? Ich sage meinem Nachbarn etwas ins Ohr (eine Wahrheit wie z.B. »meine Oma ist ganz verrückt nach Brühwürfeln.«), der flüstert es wieder seinem Nachbarn ins Ohr und so geht es weiter. Und als Endergebnis kommt vielleicht raus: »Die Oma von Radana ist total verrückt geworden, nachdem sie sich mal verbrüht hat!« Ok, ist vielleicht nicht das beste Beispiel, aber ich denke Du weißt jetzt, worauf ich hinaus will.

Worte, Gedanken, bekommen sofort eine andere Bedeutung, wenn sie nur ein bisschen verändert werden. Ein Wort und plötzlich ist alles ganz anders als ursprünglich gedacht.

In einem Hunderudel (einem Familienverband) ist es normal, dass die Welpen, wenn sie Hunger haben oder sich bedroht fühlen, nach ihrer Familie rufen. Und wie rufen nun mal Welpen? Genau! Sie quietschen! Sofort kommt das Rudel angelaufen um die Kleinen zu beschützen. Falls sie auf Beutezug waren, kommen sie gelassen zurück und lassen sich an den Lefzen lecken, bis sie das Gefressene erbrechen und die Kleinen es fressen können.

Also noch mal in Kurzform: Welpen (Kinder) und Opfer sprechen mit einer hohen Stimme. Wenn wir Angst haben, erhöht sich unsere Stimme automatisch um ein paar Oktaven (Kopfstimme), weil wir flacher und schneller atmen. Wenn wir hysterisch sind, haben wir uns überhaupt nicht mehr unter Kontrolle und kreischen nur noch hilflos. Wenn wir uns wohl fühlen, entspannt sind, atmen wir tiefer, langsamer und ruhiger, wir sprechen mit der Herzstimme, die sich für alle Ohren angenehmer anhört.

Durch meine Schauspiel- und NLP- (neurolinguistisches Programmieren) Ausbildungen habe ich nicht nur meine Stimme durch Phonetik-Unterricht bewusst geschult, sondern auch gelernt, wie viel unsere Stimme über uns verrät. In der Hypnosetherapie ist es zudem noch sehr wichtig, dass in einer semantischen Sprache gesprochen wird. Das heißt ich passe meine Stimme dem Wortinhalt an. Wenn ich z.B. »hart« sage, lasse ich meine Stimme härter klingen als beispielsweise bei dem Wort »zart«. Nicht umsonst gilt im NLP die Aussage: Verändere Deine Stimme und Du veränderst Deinen Charakter! Also erkenne, was für ein mächtiges Werkzeug Deine Stimme ist und setze sie gezielt ein!

Zu einem Welpen rennen die erwachsenen Hunde, wenn er sie braucht (ihren Schutz, er sich verletzt hat, er Angst hat, oder wenn er Hunger hat).

Also willst Du, dass Dein Hund zu Dir rennt, weil Du der Anführer, oder weil Du das Opfer bist, das ihn braucht?

Mal ganz im Ernst, wie würde es sich für Dich anfühlen, wenn Dein Mann (1,90 cm groß und 90 kg schwer) Dich plötzlich mit einer hohen Kopfstimme (Conniieeee!!!) ruft und sobald Du bei ihm angekommen bist, Dich auf den Kopf tätschelt, dabei ein quietschendes »feiiinnnnnn!!!« von sich gibt und Dir zeitgleich eine Praline in den Mund schiebt!? Beim ersten Mal würde ich wahrscheinlich panisch zu ihm rennen, weil ich Angst hätte, das ihn irgendwas zu Tode erschreckt hat, dann – spätestens bei der Praline – würde ich ihn fragen, ob er noch alle Tassen im Schrank hat! Eines weiß ich ganz genau, ich könnte diesen Mann nicht für voll nehmen.

Zugegeben, in der Realität sind es weniger die Männer, die mit Kopfstimme sprechen, sondern wir, die Frauen. Aber ehrlichgesagt nervt mich das auch; ich kann einfach keinen erwachsenen Menschen ernst nehmen, der wie Minnie Mouse quietscht. Ich kann ihn nett finden, sogar lieb haben, ohne Frage, aber ich hätte nie das Gefühl, dass dieser Mensch stark ist und ich mich somit auch geborgen bei ihm fühlen kann. Und ich würde ganz bestimmt keine Anweisungen von ihm annehmen! Ich würde ihn eher wie ein Kind behandeln und mich für ihn verantwortlich fühlen.

Also bitte verhalte Dich wie ein souveräner Anführer: bitte Deinen Hund mit einer angenehmen klaren Herzensstimme (warm, weich, eher tief) zu Dir (wenn es denn unbedingt verbal sein muss) und wenn er an Deiner Seite ist, reicht ein freundliches Nicken oder ein zufriedenes Brummen. Der Hund wird Dich so respektieren und seine lärmempfindlichen Ohren werden es Dir danken. Achte doch mal darauf, wie die meisten Hunde zusammen zucken, wenn die Menschen mit Kopfstimme auf sie einreden.

Generell fänden die Hunde es sicher wesentlicher angenehmer, wenn wir weniger verbal mit ihnen kommunizieren würden – sie verstehen doch eh kein Wort von dem was wir sagen. Oder verstehst Du Deinen Hund, wenn er Dich anbellt? Ich meine wirklich den bellischen Inhalt! Vielleicht wirst Du anhand seiner Tonlage, der Melodie, erkennen, was Dir der Hund in etwa mitteilen will, aber wenn Du ganz ehrlich bist, wird Dir sein Körper wesentlich deutlicher zeigen, was er von Dir möchte.

Ob wir es wahrhaben wollen oder nicht, im Grunde genommen kommunizieren wir ca. 90% auf der unbewussten Ebene. Über unseren Körper, unsere Sprachmelodie, unsere Gedanken und unsere Gefühle. Nicht umsonst sagen wir auch zu unseren Gefühlen »Emotionen« – darin steckt das Wort *Motion* = Bewegung; sie drücken aus, was uns gerade bewegt und das spiegelt sich in unserem Körper wider. Das bedeutet, dass sich jedes noch so kleine Gefühl in unserer Mimik, in unseren Bewegungen, manifestiert. Selbst wenn wir bewusst dagegen steuern wollen verrät uns unsere Mikromimik. Diese Bewegung ist so fein, oder zeigt sich nur sehr kurz – und trotzdem wird sie von sensiblen Menschen, und erst recht von Hunden, wahrgenommen. Du kennst es doch auch, dass Dir ein Mensch z.B. erzählt, wie gut es ihm geht und doch spürst Du ganz deutlich, dass es nicht so ist. Seine Körpersprache, seine ganze Ausstrahlung straft seine Worte Lügen.

Hunde sind Meister darin in uns zu lesen. Nicht die kleinste Regung in uns entgeht ihnen. Somit ist es auch absolut nicht nötig, sich ständig gezwungen zu fühlen, ihm lauthals zu bestätigen wie toll wir ihn finden.

Wenn Du Deinen Hund liebst und Dich über ihn freust, strahlt diese Freude aus Dir heraus – Du kannst es gar nicht vor ihm verbergen. Verstehst Du jetzt, warum es auch Quatsch ist, gute Miene zum bösen Spiel zu machen? Wenn ich z.b. nicht gut drauf bin, aber meinen Hund überschwänglich lobe (was wie gesagt eh nicht von einem Anführer üblich ist) spürt er sofort meine Lüge. Deshalb kommt auch kein Hund zu einem Menschen gerne und freiwillig, der trotz verbalem Locken Unsicherheit oder sogar Wut ausstrahlt. Jeder, der noch alle seine Sinne beieinander hat, meidet Menschen, die keine positive Ausstrahlung haben. Wir können es im realen Leben leider nicht immer, Hunden dagegen ist es schnurzpiepegal ob die Person, die eine unangenehme Ausstrahlung hat, zufälligerweise Deine Erbtante aus Amerika ist.

Versuche immer echt zu sein, authentisch. Verstelle nie Deine Gefühle, zeige Deinem Hund den echten Menschen, spiele keine Spielchen mit ihm. Aber versuche immer, egal welche Gefühle in Dir gerade Samba tanzen, Dich ihnen nicht auszuliefern.

Lass nicht zu, dass sie Dich beherrschen, sondern lerne gelassen mit ihnen umzugehen. Akzeptiere diese Gefühle, aber begreife, dass sie nur Besucher sind. Du hast es in der Hand zu entscheiden wie wichtig sie Dir sind und ob Du Dich auf sie einlassen willst. Aber lüge nie Deinen Hund an. Vielleicht können wir fremde Menschen belügen, oder sogar uns selbst was vormachen. Bei einem Hund wird es uns nie gelingen. Er nimmt Deine Energie sofort wahr und erkennt somit immer, wie es tief in Dir drinnen aussieht.

Wenn Du mal Hunde beobachtest wirst Du nie sehen, dass sie sich aktiv loben. Ein freundlicher Blick, ein Schwanzwedeln, eine Anerkennung, aber kein übertriebenes auf die Schulter klopfen.

Es ist eine Selbstverständlichkeit, wenn sich ein Hund gut verhält und es wird als selbstverständlich vorausgesetzt da es vorgelebt wird.

Also merke es Dir bitte: Hunde »funktionieren« über passives Lob! Das heißt im Klartext, wenn der Hund ein Verhalten zeigt und ich nicht korrigierend eingreife, teile ich ihm somit mit, dass es in Ordnung ist.

Springt der Hund z.B. an fremden Menschen hoch und ich stehe untätig daneben, wird er lernen, dass das Anspringen anscheinend vollkommen in Ordnung ist, er das Recht hat, anderen Menschen Raum zu nehmen, sie somit in ihre Schranken zu verweisen. Wie sollte ein Kind z.B. lernen, dass es nicht in Ordnung ist, andere Kinder zu hauen, wenn ich als Mutter nicht sofort korrigierend eingreife?

Wenn ich meine Hunde zu mir rufe, dann nur, wenn es einen Grund gibt, ich sie z.B. vor einem Auto beschützen möchte. Mal im Ernst, soll ich sie dafür auch noch aktiv loben, dass ich sie beschützen darf? Nein, wenn meine Hunde zu mir kommen, dann bedanken sie sich bei mir, das heißt, sie wedeln mich freudig an und schmiegen sich evtl. an mich. Sie finden es toll bei mir zu sein. Genauso sollte es auch sein. Sie sollten es genießen an meiner Seite zu sein, es als ein Privileg empfinden.

Wenn Du einen Menschen liebst, genießt Du doch auch seine Nähe und er muss Dich nicht bestechen oder ständig animieren, dass Du bei ihm bist, oder?

Sei stolz und souverän, signalisiere Deinen Hunden, wie wunderbar und entspannt ein Leben an Deiner Seite für sie ist. Wenn sie zu Dir kommen, dann strahle sie an, blicke sie mit liebenden Augen an, lasse sie Deine Wärme spüren, aber höre bitte auf, Dich wie ein Eichhörnchen auf Drogen mit quietschender Stimme aufzuführen.

Wenn Du Deinen Hund über Kommandos konditionieren willst, ihn dressieren willst, kannst Du natürlich auch mal Futter benutzen. Denn erstens hat Dressur nichts mit Erziehung zu tun und zweitens kann der Hund so schneller lernen, da er wenigstens einen Sinn in diesen, für ihn oft unlogischen, Übungen sieht. So geht es uns doch auch, wenn wir eine stupide oder unsinnige Aufgabe machen müssen. Wenn es schon nicht Spaß macht, springt im Idealfall wenigstens Geld für uns dabei raus. Aber auch bei der Dressur bleibe in der angenehmen Herzensstimme – oder fängst Du auch an zu quietschen, nur weil Du Deine Kinder zum Sportunterricht begleitest?

Auch in der Erziehung kann ich mal Futter benutzen, aber nicht im Sinne wie bei der Dressur. Hier gibt es bei mir kein Futter aus der Hand, ich benutze es als Beute. Will der kleine Welpe nicht auf meinen Zuruf zu mir kommen, finde ich, was für ein Zufall aber auch, etwas ganz Leckeres auf der Wiese. Ich knie mich neben die Beute, mit dem Rücken zum Hund, und brumme zufrieden. Ha, Du solltest mal sehen, wie der Kleine blitzschnell zu mir rennt! Und großzügig wie ich bin, darf der Hund die Beute fressen. So lernt der Kleine ganz schnell zwei wichtige Regeln. Erstens: Ich bin ein supertoller Mensch, da ich in der Lage, bin tolle Beute zu finden – vor allem noch an Stellen, wo der Eumel zuvor selbst nichts gefunden hat. Zweitens begreift er sehr schnell, dass es somit auch sinnvoll ist, sich in meiner Nähe aufzuhalten, oder sofort zu kommen, wenn ich auch nur stehen bleibe.

Du hast es wortwörtlich in der Hand, ob der Hund eine Beziehung zum Futter, oder zu Dir aufbaut. Meine Hunde bekommen natürlich auch mal Leckerlies – ich esse ja auch ganz gerne Pralinen – aber für sie bin ich viel wichtiger.

Ich finde es furchtbar, wenn die Hunde ihrem Menschen nie in die Augen sehen, sondern immer nur auf seine Tasche starren. Fehlt nur noch, dass sie den Menschen einmal mit der Pfote anschubsen, wie einen Automaten, und das Futter fällt raus.

Also noch einmal zu dem passiven Lob. Unterscheide zwischen Dressur und Erziehung. Bei der Erziehung ist es selbstverständlich, dass der Hund z.B. keine Jogger attackiert. Denn hallo!? Lobst Du auch Deine Kinder, wenn sie einem Radfahrer NICHT hinterherjagen? Na also! Schließlich leben wir es Ihnen ja vor. Abgesehen davon muss ich unterscheiden, ob Dressur überhaupt notwendig ist. Also ich setze mich nicht immer hin, wenn ich über die Straße will oder wenn mir ein Mensch entgegenkommt, Du etwa?

Nicht nur, dass es gerade für große, alte oder schwere Hunde gelenktechnisch unangenehm ist – es ist für mich eine reine Dressurnummer. Für mich ist einfach klar, dass wenn ich am Straßenrand stehenbleibe, meine Hunde es auch tun. Und erst losgehen, wenn ich losgehe. Dazu muss ich sie natürlich auch nicht auffordern. Es ist ganz einfach: Ich stehe, Hund steht! Ich gehe, Hund geht! Nur wenn der Hund stehenbleiben soll, obwohl ich losgehe, bekommt er das Signal »Bleib«!

Und wenn mir fremde Menschen oder Hunde entgegenkommen nehme ich meine Hunde an meine Seite, damit ich die Situation unter Kontrolle habe und somit auch agieren kann. Dann habe ich die Möglichkeit zu entscheiden, ob meine Hunde mit den fremden Hunden oder Menschen Kontakt aufnehmen können, wenn es erwünscht ist.

Mache Dir bitte wirklich bewusst, was die passive Art des Lobes für Missverständnisse mit sich bringen kann. Nehmen wir noch einmal das Beispiel mit dem Radfahrer. Dein Hund sieht einen Radfahrer und rennt hinterher. Üblicherweise würden jetzt 9 von 10 Hundehaltern den Hund zurückrufen: »Finn hier!« Jetzt gehen wir mal davon aus, das Finn tatsächlich zurückkommt. Normalerweise käme jetzt das übliche aktive Lob: »Fein gemacht, Finn!«- mit Kopfstimme und Leckerlie. Sieht im ersten Moment ja ganz gut aus. Das Seltsame ist nur, dass sich diese Prozedur die nächsten Jahre nicht verändern wird. Finn sieht einen Radfahrer, rennt hinterher, Mensch ruft ihn, Finn kommt zurück, Mensch lobt ihn. Was ist hier passiert?

Du hast unbeabsichtigt Deinen Hund auf Radfahrer konditioniert. Du hast ihn so dressiert, dass er es sich zur Aufgabe gemacht hat, die bösen Radfahrer zu verjagen, die Dich ja so ängstigen (Kopfstimme). Was ist hier falschgelaufen?

Ich erkläre Dir mal die Situation mit einem Kind – wetten, dass Du dann sofort erkennst, was ich meine? Du siehst, wie Dein Sohnemann (ich nenne ihn mal Sascha) gerade ausholt um Nick eine runterzuhauen. Mit hoher Stimme rufst Du »Sascha komm mal zu mir«. Sascha kommt, Du streichelst ihn über den Kopf, sagst ihm mit hoher Stimme wie toll er ist und gibst ihm 5 Euro! Hast Du es jetzt verstanden? Hat Dein Sohn so gelernt, dass es absolut tabu ist, andere Kinder zu hauen? Na also!

Wenn Du nicht korrigierst, lobst Du!

Der Hund wurde nicht korrigiert, also hat er nicht gelernt, dass es unangemessen ist einem Radfahrer hinterherzujagen. In dem Moment, wenn er den Radfahrer sieht, wäre die Korrektur perfekt gewesen. So als wenn Dein Kind gerade die Hand erhebt und Du sofort dazwischenfährst.

So lernt der Hund durch Erziehung, dass Radfahrer keine Bedrohung sind und er sie gar nicht beachten muss. Ein Hund, der das vom ersten Moment an vermittelt bekommt, verinnerlicht dies sofort. Eine Dressur muss ich ständig wiederholen, Erziehung sitzt sehr schnell und für immer. Einen Handstand muss ich ja auch täglich üben, ein soziales Verhalten nicht mehr – es ist ein Teil von mir geworden.

Ich finde es immer recht schwierig alles in die richtigen Worte zu fassen, aber ich hoffe sehr, dass ich es Dir trotzdem so halbwegs vermitteln kann, was ich meine. Falls mir das nicht gelingen sollte, bist Du jederzeit herzlich eingeladen zu mir zu kommen, damit ich es Dir zeigen kann.

Ich weiß, dass vieles hier komplett dem üblichen, aktuellen Hundeumgang widerspricht, aber habe ruhig mal den Mut, ein bisschen außergewöhnlich zu denken und mutig zu sein. Ich kann den Hund nur verändern, wenn ich mich verändere, eine ruhige Führungsenergie entwickle. Alles andere ist nur ein am Hund herumerziehen im Sinne von Dressieren.

Habe den Mut aus der breiten Masse herauszutreten und neue, eigene Spuren zu hinterlassen. Auch wenn Du vielleicht am Anfang belächelt oder sogar verbal angegriffen wirst, der Erfolg wird Dir mit der Zeit recht geben! Glaube mir, durch diese Phasen musste ich auch hindurch. Abgesehen davon verbreite ich hier keine glorreichen neuen Erkenntnisse, sondern versuche den Menschen wieder ein natürliches Verhalten nahe zu bringen. Fast jedes Naturvolk geht so mit seinen Hunden um!

Du wirst sehen, wenn Du Dich und Dein Verhalten veränderst, kann der Hund nicht mehr der Alte bleiben. Wenn ich eine Veränderung erreichen möchte, muss ich mich verändern. Neues kann nur durch Neues entstehen.

Und sei ohne Sorge: Ich habe schon mit hunderten Hunden zusammenarbeiten dürfen und es gab noch keinen, der mich nicht verstanden hat. Allerdings haben mich nicht immer alle Menschen verstanden – oder sie waren nicht in der Lage es wirklich tief innen umzusetzen, was ich ihnen vermittelt habe. Auch das meine ich vollkommen wertfrei. Nicht jeder ist gleich und was für den einen Menschen sehr leicht ist, fällt dem anderen unendlich schwer. Aber selbst eine kleine Veränderung in mir kann schon große Veränderungen nach außen nach sich ziehen!

Zusammenfassung Ausbildung/Erziehung:

Bei der Erziehung lernt der Hund, wie er sich in seiner Familie und seiner Umwelt sozial verhält. Dies findet durch Nachahmung statt. Der Hund nimmt sich »seine« Familie zum Vorbild, beobachtet sie und passt sich ihrem Verhalten an. Dass bedeutet, wenn er ein gutes/ erwünschtes Verhalten zeigt, muss ich dieses nicht durch ein aktives Lob (wie z.B. Leckerle) bestätigen, da ich es ihm ja vorlebe. Hier findet ein passives Lob statt. Er spürt an meinen positiven Gefühlen (warme Stimme, lächeln, weiche Körperhaltung), dass alles wunderbar ist. Ein Fehlverhalten ignoriere ich nicht, sondern greife sofort korrigierend ein. Vereinfacht kann man sagen, dass eine weiche Körperhaltung ein JA und eine aufgerichtete, eingefrorene Haltung ein NEIN bedeutet. Passives Lob und Korrektur!

In der Ausbildung oder Dressur findet eine reine Konditionierung statt. Ich befolge eine Technik und der Hund lernt durch aktives Lob. Ein Beispiel: Ich halte ihm ein Leckerle über die Nase, so dass er sich hinsetzen muss. In dem Moment, wenn sein Hinterteil den Boden berührt, sage ich das Kommando »Sitz« und zeitgleich (innerhalb einem Zeitraum von 0,5 Sekunden bis 1,5 Sekunden) schiebe ich ihm das Leckerle in die Schnauze. So lernt der Hund nach einer Weile was das Wort »Sitz« bedeutet. Er verknüpft ein für ihn fremdes Wort (das immer das Gleiche sein muss) mit einem für ihn bekannten Reiz (Futter). Wer ihm das Leckerle und somit auch das Kommando gibt, spielt keine Rolle, hat also so gut wie nichts mit Bindung zu tun.

Wenn er das Kommando falsch ausführt, korrigiere ich den Hund nicht. Er bekommt nur kein aktives Lob. Wenn er sich also z.B. hinlegt, anstatt sich wie erwünscht hinzusetzen, bekommt er kein Leckerle. Er lernt, dass er auch Fehler machen darf. So bleibt der Spaß erhalten und die Dressur gelingt für gewöhnlich leichter. Das Problem bei einer Dressur ist allerdings, dass viele Menschen zu langsam oder falsch im Timing sind. Zumal wird die Dauer einer Konditionierung unterschätzt. Es kann bis zu 2000 Wiederholungen brauchen, bis das Kommando automatisch in allen Situationen ausgeführt führt. Auch hier lernt der Hund kontextabhängig. Das bedeutet, dass der Hund z.B. »Sitz« auf dem Hundeplatz macht, aber Probleme in der Fußgängerzone damit hat. Also braucht es sehr viel Disziplin und Geduld! Meine Regel lautet: Gebe dem Hund erst dann ein Kommando, wenn Du Dir zu 100% Prozent sicher sein kannst, dass er es auch umsetzt. Also nicht rufen, wenn der Hund gerade wegrennt. Wie ich meinen Kunden immer wieder sage: ein Hund hat keinen »Arsch mit Ohren«! Die Gefahr ist nämlich, dass wenn das Kommando noch nicht konditioniert wurde und ich es immer wieder ohne Erfolg anwende, ich den Hund ggf. nie mehr auf diese Worte konditionieren kann. Das ist auch der Grund, warum ich viele Kommandos bei meinen Kundenhunden verändere. So wird aus einem »Hier!« dann z.B. ein »Komm!«.

Nach einer gewissen Zeit bekommt der Hund die Belohnung nur noch ab und zu. So bleibt ein gewisser Reiz, eine gewisse Spannung erhalten. Mach Dir bitte bewusst, dass es weniger das Leckerle ist, was den Hund motiviert, sondern eher die freudige Erwartung darauf! Somit ist es auch gut, immer wieder mal die Belohnung zu wechseln und diese nur noch in Intervallen einzusetzen. So bleibt die Motivation auch auf alle Zeit erhalten. Aktives Lob, keine Korrektur! Und vergiss bitte nicht:

> **Ein guterzogener Hund braucht
> so gut wie keine Kommandos!**

Das vierte Standbein ist die *Korrektur*

Wichtig ist, dass Korrektur nie mit Strafe verwechselt wird! Wenn ich jemanden bestrafe, übe ich bewusst Druck und Angst aus: ich möchte mir den anderen untertan machen, ihm meine Macht beweisen. Wenn ich jemanden bestrafe, sage ich aus, dass ich ihn nicht mag. Wenn ich jemanden korrigiere, sage ich ihm, dass ich sein Verhalten nicht angemessen finde. Kannst Du den Unterschied erkennen? Wenn ich korrigiere, bin ich innerlich vollkommen klar, habe mich unter Kontrolle und reagiere den Umständen entsprechend angemessen. Ich verbiete ihm nicht sein Verhalten, sondern zeige ihm, dass sein Verhalten nicht notwendig ist.

Die Korrektur muss immer den Umständen und auch dem Hund angepasst werden. Ein sehr verängstigter, unsicherer Hund kann schon ein Anstarren mit weit aufgerissen Augen als schlimmste Strafe betrachten. Ein Machohund, der extrem dickhäutig ist, braucht dagegen vielleicht mal einen körperlichen Rempler. Somit kann eine Korrektur auch mal »härter« sein. Aber ich kann es nicht oft genug wiederholen: Gewalt ist immer tabu!!!

Korrektur findet bei mir statt, indem ich mich groß mache, einfriere und mich versteife. Im Grunde genommen heißt es für den Hund dann »Stopp, hör auf! Ich übernehme, ist nicht Deine Aufgabe! Lass es!«. Er will z.B. am Tischbein nagen, ich versteife mich und schaue ihn deutlich an – ein sehr klares Zeichen. Sollte er trotzdem nicht reagieren, kommt ein korrigierender Ton hinzu; spätestens dann reagiert ein gesunder Hund.

Auch das ist wichtig bei einer richtigen Korrektur: Ich baue sie auf, steigere mich sozusagen, wenn der Hund nicht reagiert. Bei den meisten Kunden stelle ich fest, dass sie entweder gar nicht, oder je nach Situation, zu sanft oder viel zu heftig korrigieren. Hierbei ist wirklich Fingerspitzengefühl gefragt. Beobachte Deinen Hund. Er wird Dir ganz klar zeigen, ob Deine Korrektur richtig angekommen ist.

So seltsam es auch klingen mag, aber ich bin absolut der Meinung, dass Hunde eine Art Gerechtigkeitssinn haben. Nie vergesse ich die traurigen Augen meiner Hunde, wenn ich eine Situation falsch eingeschätzt und sie somit fälschlicherweise korrigiert habe. Mit der Zeit wirst Du ein sehr sicheres Gespür dafür entwickeln. Lass Dich nicht täuschen. Nicht immer ist eine Situation so, wie sie uns im ersten Moment erscheint.

Ein Beispiel dazu: Es treffen sich zwei Hundehalter und bleiben auf ein Schwätzchen stehen. Nach einer Zeit knurrt der eine Hund plötzlich den anderen an. In 9 von 10 Fällen würde der Hundehalter jetzt gegen seinen Hund angehen, ihn wahrscheinlich durch einen schmerzhaften Leinenruck und ein verbales »NEIN« strafen. Wie traurig und unfair, denn ich bin mir sicher, dass, wenn Du genau hingeschaut hättest, eine ganz andere Wahrheit ans Licht gekommen wäre. Meistens ist es so, dass der Hund, der knurrt, oft von dem anderen Hund provoziert wurde, z.B. durch ein permanentes Fixieren. So wie ein Kind, dass hinter dem Rücken seiner Mutter einem anderen Kind die ganze Zeit die Zunge rausstreckt.

Also sei fair und achte darauf, dass es wirklich einen Grund gibt, Deinen Hund zu korrigieren – und strafe ihn niemals!!

Zusammengefasst kann man sagen, dass passives Lob bedeutet, dass Dein Körper und Deine Energie ganz weich und rund sind. Bei einer Korrektur versteifst Du Dich, machst Dich sozusagen äußerlich und innerlich groß, zeigst, dass Du übernimmst. Korrektur nie mit Strafe verwechseln! Eine Korrektur macht nie Angst und der Hund wird nie die Achtung vor Dir verlieren – im Gegenteil, er wird Dich dafür sogar noch mehr lieben. Passe die Korrektur immer den Umständen und dem Wesen Deines Hundes an. Manchmal reicht schon ein Augenbrauenhochziehen oder ein Dazwischenstehen, wenn das nicht reicht muss es vielleicht auch mal eine klare Ansage sein, indem ich den Hund hinter mich schubse oder auf den Boden drücke.

Das bitte nie mit dem sogenannten »Alphawurf« verwechseln! Wenn sich ein Hund auf den Rücken legt, handelt es sich um eine passive Unterordnung, das heißt, dass er sich freiwillig unterwirft. Ein gesunder Hund und ein gesunder Mensch würden dies nie mit Gewalt einfordern. Ich mache es eher wie eine Hundemutter, oder wie meine Hunde, die andere gesund korrigieren. Ich drücke ihn sanft mit dem Bauch auf den Boden, oder lege ihn auf die Seite. Eigentlich ist es nur die Ansage »komm mal wieder auf den Boden, beruhige dich«. Alleine am Verhalten des Hundes erkennst Du den riesengroßen Unterschied.

Bei dem Alphawurf schreit der Hund um sein Leben. Bei dem richtigen, sanft runterdrücken, quietscht er vielleicht kurz auf (Überraschungsmoment), liegt dann aber ruhig da, wedelt sogar manchmal, und hinterher schüttelt er sich und alles ist wieder vollkommen in Ordnung. Er zeigt keinerlei Angst oder Unsicherheit Dir gegenüber.

So, das waren die 4 Grundregeln der »Shanti-Methode«:
1. die richtige Art und Form der Aufmerksamkeit
2. Freiraum und Rechte im richtigen Maß
3. passives Lob und richtige Bestätigung
4. die angemessene Korrektur

Ohne Ausnahme haben sich bei allen Kunden schon gravierende Veränderungen eingestellt, wenn sie sich an diese Regeln gehalten haben.

Und doch ist die »Shanti-Methode« so viel mehr – denn es geht darum, den Hund wirklich zu begreifen, bis ganz tief in seine Seele hinein, ihn aufrichtig zu lieben und ihm mit echtem, tief empfundenem Respekt zu begegnen. Für mich ist es immer wieder ein unglaubliches Geschenk, ja fast ein Wunder, wenn mir ein Hund (eine fremde Spezies) sein Vertrauen, seine Zuneigung schenkt. Das ist keine Selbstverständlichkeit.

Ich bin eh der Meinung, dass wir bei Hunden, genauso wie bei Kindern, in der »Bringpflicht« sind. Ich bin immer erschüttert, wenn ich von einigen Menschen höre, was ihr Hund ihnen gegenüber empfinden muss. »Er muss mich lieben, mich respektieren, mir blind gehorchen, dankbar sein, alles machen was ich sage, mir bedingungslos treu sein ...« – Schrecklich für mich!

All das sind Geschenke, die ich nicht einfordern kann, sondern sie mir erarbeiten, sie mir verdienen muss. Ich kenne keinen Hund, der uns um Asyl gebeten hätte. Wenn es so wäre, hätten wir vielleicht das Recht, Dankbarkeit von ihm zu erwarten.

Aber normalerweise entscheiden wir uns dafür, unser Leben mit einem Hund zu teilen. Die meisten Hunde haben leider nicht mal ein Mitspracherecht, ob sie zu uns wollen oder nicht. Wir kaufen uns sozusagen ein Lebewesen. Den Hunden bleibt ja gar nichts anderes übrig als mit zu uns zu kommen, und wenn wir sie an der Leine in unser

Haus zerren. Wie viele Hunde, die ich kenne, haben jede Möglichkeit ausgenutzt um abzuhauen ... Deutlicher kann es mir wohl kein Hund sagen. Und doch sind wir immer noch der Meinung, dass der Hund uns all die Gefühle geben muss, die wir uns so von ihm erhoffen.

Also versuche bitte umzudenken. Du wolltest den Hund, also bist Du in der Bringpflicht! Es liegt an Dir dafür zu sorgen, dass er sich bei Dir wohl fühlt, Du ihm alle seine Bedürfnisse erfüllst und ihm Deine Liebe und Dein Vertrauen schenkst. Erst muss ich geben, dann erst darf ich nehmen – das ist der richtige Weg und Du wirst sehen, wie schnell der Hund Dir freiwillig alles zurückgeben wird.

Hunde sind wunderbare Wesen. Sie leben absolut im Hier und Jetzt. Ich kenne keinen Hund, der nachtragend ist. Wie viele von ihnen wurden über Jahre falsch, wenn nicht sogar grob behandelt und doch sind sie in der Lage uns zu verzeihen, nicht nachtragend zu sein. Natürlich haben auch sie ihre seelischen Wunden und Narben, ihre verankerten Verhaltensmuster, und doch haben sie den Mut, uns immer wieder eine Chance zu geben. Ich finde da können wir noch sehr viel von ihnen lernen.

Mein allerschönster Moment bei jedem Kunden ist immer der, wenn der Hund zum allerersten Mal (oft nach vielen gemeinsamen Jahren) ganz bewusst voller Vertrauen seinem Menschen tief in die Augen schaut. Wer das einmal erlebt hat, verändert sich – spätestens dann erkennt der Mensch, was für eine tiefe Verbundenheit zwischen ihm und seinem Hund überhaupt möglich ist.

Es ist fast so, als ob man über Jahre in einer WG gelebt hat und plötzlich – von einem Moment auf den anderen – die Liebe zu dem anderen erkennt. Alles verändert sich schlagartig! Es ist wirklich wie Magie: zwei vollkommen fremde Spezies erkennen sich auf einer tiefen Ebene und fühlen sich miteinander verbunden!

Genau das ist mein Ziel bei jedem meiner Kunden: diese Verbundenheit zwischen Mensch und Hund! Es ist wie ein unsichtbares Band, ein Band, das eindeutig zeigt, dass diese beiden zusammen gehören – selbst wenn sie nicht nebeneinander stehen.

Ich konnte dies oft auf Hundeplätzen beobachten. Hunde wurden oft in einem Abstand zur Bank, auf der der Mensch saß, angebunden. Wenn ich hätte raten müssen, welcher Hund zu welchem Menschen gehört, hätte ich kläglich versagt. Oft war ich sprachlos und auch schockiert, denn so manch ein Hund winselte und bellte ein halbe Ewigkeit und wenn ich dann anfing, den Hundehalter zu suchen, stand oft ein Mensch auf, der keine 5 Meter entfernt von dem unglücklichen Hund gesessen ist. Unvorstellbar für mich! Da zeigt mir mein Hund ganz eindeutig, dass er Stress hat, mit dieser Situation nicht zurechtkommt, und ich ignoriere ihn!

Stell Dir doch mal bitte vor, Du bist mit Deinem Partner auf einer Party und ihr beide mischt euch unter die Gäste (und nein, Du bist nicht angebunden wie der arme Hund). Aber plötzlich fühlst Du Dich unwohl, Du bist traurig, vielleicht weinst Du auch, Du rufst Deinen Partner, zeigst ihm deutlich, dass Du ihn brauchst. Du kannst deutlich erkennen, dass es Deinem Partner nicht entgangen ist, aber anstatt sofort an Deine Seite zu eilen, unterhält er sich angeregt weiter und ignoriert Dich. Wie fühlt sich das an?

Kennst Du aber auch das Gefühl, dass Du Dich so verbunden mit Deinem Partner fühlst, dass Du auch auf Entfernung immer wieder visuellen Kontakt mit ihm suchst? Ihr euch anlächelt und das Gefühl habt, der andere ist immer für mich da – unabhängig davon wo er jetzt gerade ist. Das Gefühl, dass wenn Du ihn brauchst, er sofort alles stehen und liegen lässt und zu Dir kommt? Ich wünsche Dir, jedem Menschen auf dieser Welt, so ein Gefühl – es ist unbeschreiblich schön! So fühlt es sich auch zwischen meinen Hunden und mir an. Egal wo sie auch gerade sind, wir sind immer über Augenkontakt miteinander verbunden. Wir gehören zusammen und das kann man auch tatsächlich sehen. Selbst bei einer Hundewanderung mit über 30 Hunden würde kein fremder Mensch, der gut beobachten kann, auf die Idee kommen mich zu fragen, welcher der anwesenden Hunde eigentlich zu mir gehört. Naja, bis vielleicht auf die Ausnahme, wenn Shanti einen Hasen sieht ...

Vielleicht bist Du jetzt überrascht, dass auch meine Hunde mal einem Hasen hinterherrennen, obwohl sie so eine innige Beziehung zu mir haben. Dazu vielleicht eine kurze Erklärung:

Du kennst doch bestimmt Frauen, die einen Schuhtick haben. Stell Dir bitte vor, Du bist ein Mann und willst mit so einer Frau seelenruhig durch die City bummeln, am besten noch, wenn gerade Ausverkauf ist. Muss ich noch weitererzählen?

Bitte vergesse nie, dass ein Hund nun mal ein Raubtier ist und es auch immer bleiben wird. So wie der Schuhtick in manch einer Frau (ja, auch Frauen können beim Ausverkauf zu Raubtieren mutieren) tief verankert ist und sie beim Anblick von Schuhen sofort in einen Trancezustand verfällt und aus diesem erst wieder erwacht, wenn das Objekt ihrer Begierde sicher in der eigenen Tasche verstaut ist, so geht es einem Hund mit Beute. Sie werden von ihren Trieben und Instinkten geleitet und haben sich somit nicht immer im Griff.

Also können wir Frauen genauso wenig dafür, wie unsere Hunde. Wir sind vollkommen unschuldig! Beschwerden oder Verbesserungsvorschläge bitte somit direkt an den lieben Gott richten!

Und bevor sich jetzt hier alle Männer über uns Frauen ins Fäustchen lachen: Ich sage nur Computer, Fußball, Formel1, Autos, Briefmarken oder schöne fremde Frauen … Jeder, wirklich jeder von uns hat ein Objekt der Begierde, bei dem wir hin und weg sind (manchmal auch im wahrsten Sinne des Wortes). Und ja, auch die Männer können nichts dafür!

Allerdings heißt es nicht, dass ich meine Hunde (oder mich selbst, was Schuhe angeht) somit überhaupt nicht im Griff habe. Meine Aufgabe ist es darauf zu achten, dass ich die Beute (Hase) vor meinen Hunden sehe, dann kann ich sie noch sicher zu mir rufen. Wenn sie ihn allerdings vor mir sehen, rennen sie instinktmäßig hinterher – aber Gott sei Dank nur ein paar Meter, dann greift doch die Bindung zu mir und sie drehen um.

Und noch etwas: kein gesunder entspannter Hund würde ein Beutetier reißen! Auch in der Natur werden Beutetiere nur umgebracht, wenn der Hund Hunger hat, Futter braucht. Da unterscheiden sich die Hunde wieder von uns Frauen mit Schuhtick: obwohl noch genug Beute daheim ist, brauchen wir immer Nachschub.

Shanti hat auch schon einmal einen Hasen erwischt – ich muss zugeben, er hat sich aber ganz besonders dämlich angestellt. Und was hat meine Süße gemacht? Ihn von Kopf bis Fuß abgeschlabbert! Sie liebt nämlich alle Tiere – egal ob Mäuse, Vögel, Meerschweinchen, Katzen, alles wird adoptiert und am liebsten mit nach Hause genommen.

Lerne zu unterscheiden, wo es angebracht ist, alles ein bisschen lockerer zu sehen und wo es überhaupt keine Toleranzgrenze mehr gibt.

Ich verlange natürlich auch von meinen Hunden einen Gehorsam, aber keinen Kadavergehorsam, sondern eine gesunde Folgsamkeit. Ich persönlich kann sehr gut damit leben, wenn meine Hunde sich ein paar Sekunden Zeit lassen bevor sie kommen, wenn ich sie rufe. Ich lasse auch nicht sofort alles stehen und liegen, wenn jemand was von mir will. Aber ich greife sofort ein, wenn sich meine Hunde Menschen oder anderen Tieren gegenüber respektlos verhalten.

Wenn man es in Zahlen nennen könnte, fände ich es logisch und auch realistisch, wenn ich von einem Hund ca. 80 % Gehorsamkeit, aber 95% soziales Verhalten erwarte. Erwarten natürlich im dem Sinne, dass ich es ihm erst zeige, erkläre, beibringe und auch vorlebe. Also verlange nie etwas von Deinem Hund, was selbst einem Menschen schwer fällt. Sei geduldig, liebevoll, klar (auch im Sinne von streng), ruhig und verliere dabei nie Deine Freude, Deine Leichtigkeit!

Vom Welpen zum pubertierenden Junghund

Ich denke wir stimmen überein, dass es fast nichts Niedlicheres gibt als einen Welpen. Ein Mensch, der beim Anblick eines Hundebabys keine liebevollen Gefühle hat, muss ein Herz aus Stein haben. Und doch bin ich persönlich nicht unbedingt ein Fan von Welpen. So süß sie auch sind, so ziehe ich ihnen doch stolze, starke erwachsene Hunde mit einer faszinierenden Persönlichkeit vor. Was für mich natürlich ein riesengroßer Vorteil ist, da die Welpenzeit sehr schnell vorbeigeht. Und doch ist es die prägendste und auch sensibelste Zeit im Leben eines Hundes. Das heißt für uns Menschen, dass wir hier am allermeisten gefordert sind und auch nur (falls wir mit ihm ins Hundetraining gehen) die Besten der Besten an ihn heranlassen sollten! Welpenerziehung gehört wirklich nur in die allerfähigsten (!!!) Hände!

Die Qualität sollte hier haushoch über der Quantität stehen!

Ich wünsche mir, dass Du nicht einfach jedem blind vertraust und Dich nicht blenden lässt. Schließlich geht es um etwas sehr Kostbares – Deinen Hund. Es gibt wunderbare, fantastische, verantwortungsbewusste Hundetrainer – die gilt es herauszufinden, für die sollte Dir auch kein Weg zu weit sein! Am sinnvollsten ist es auch, einmal – ohne Deinen Hund – eine Gruppe zu besuchen und sich ein Bild von dem Unterricht zu machen.

Natürlich ist es keine Garantie, dass jemand, der schon selbst viele Welpen großgezogen hat, ein guter Welpentrainer ist, oder dass ein Trainer, der noch nie selbst einen Welpen hatte, es überhaupt nicht drauf hat. Und doch bringt es gewisse Vorteile mit sich, wenn ein Trainer selbst schon mehrere eigene Hunde, am besten der unterschiedlichsten Rassen, großgezogen hat. Es ist nun mal ein riesengroßer (im wahrsten Sinne des Wortes) Unterschied, ob man einen Pudel oder einen Kuvasz großzieht. Sehr schnell kann sich hier auch ein Experte überfordert fühlen, wenn er selber noch keine Erfahrung mit einem Schutzhund oder einem Herdenschutzhund gemacht hat.

Welpen sind ein notwendiges wenn auch ein zuckersüßes Übel, wenn man einen guten erwachsenen Hund haben will. Ich weiß, diese Aussage findest Du furchtbar und doch ist es die Wahrheit –

zumindest in der Hundewelt! Die meisten Hunde sind von Welpen oft einfach nur genervt. Speziell natürlich von denen, die nicht gelernt haben, respektvoll mit erwachsenen Hunden umzugehen. Es gibt keinen Welpenschutz, so wenig wie es auch einen Kinderschutz gibt!

Hunde sind auch nur »Menschen« und solange wir selbst in der Lage sind unsere eigene Spezies umzubringen, sollten wir nicht von Tieren mehr erwarten als von uns. Nur am Rande: Ich habe vor einigen Jahren in einem Bericht gelesen, dass mehr Kinder von ihren eigenen Eltern umgebracht werden, als von Hunden. Sollte uns sehr zum Nachdenken bringen. Bitte nicht falschverstehen: Jedes Kind, dass von einem Hund verletzt wird, ist eins zu viel und für mich absolut inakzeptabel!

Es gibt genügend fremde Hunde, die ohne Wenn und Aber sofort einen ungezogenen Welpen, der frech an ihnen hochspringt, packen, wenn nicht sogar umbringen würden. Nur die wenigsten erwachsenen Hunde gewähren Welpen Narrenfreiheit – wobei diese für die Kleinen auch fatal und nicht von Vorteil ist, da sie so nie in ihre Schranken gewiesen werden und damit kein soziales Verhalten lernen können. Und wenn Dir irgendjemand erzählt, dass es nicht gut für einen Welpen ist, von erwachsenen Hunden korrigiert zu werden, schnappe Dir Deinen Hund und geh´ bitte ganz schnell weg.

Also ich habe es noch nie erlebt oder mitbekommen, dass es in der Hundewelt zwei Reviere gibt: eins für die erwachsenen und eins für die jungen Hunde. Du etwa? Wenn ich mitbekomme, dass so manch ein Züchter seine älteren Hunde von den Welpen trennen muss, damit denen nichts passiert, macht mich das schon sehr nachdenklich.

Natürlich kann es mal passieren, dass ein ALf (Pubertierender) zu grob mit einem Baby umgeht, dann sollten aber die Menschen eingreifen und ihn in seine Schranken weisen. Trennen ist für mich keine Lösung, außer natürlich, wenn der ältere Hund wirklich eine Gefahr für den jüngeren darstellt. Riskiere es lieber, dass der Kleine mal von einem älteren Hund umgerannt wird, als dass er ein schlechtes Sozialverhalten erlernt. Auch Kinder kommen mal mit einem aufgeschürften Knie heim oder verletzten sich beim Toben, das gehört nun mal zum Erwachsenwerden dazu.

In der Natur leben alle Generationen zusammen und schlagen sich nicht die Köpfe ein, sondern im Gegenteil: sie profitieren voneinander.

In jedem Hunderudel werden Welpen sehr streng und konsequent kontinuierlich erzogen und bei jedem Fehlverhalten sofort korrigiert. Das heißt natürlich nicht, dass nicht auch mal ein Hundeauge zugedrückt und viel miteinander geschmust wird. Hunde, die gute Eltern sind, packen ihre Babys nicht in Watte, sondern sind sehr streng. Sie wissen, dass der beste Schutz für die Kleinen ist, dass sie sich sozial und korrekt anderen Hunden gegenüber verhalten und so auch später zu souveränen, wertvollen, mental starken Mitgliedern des Rudels werden. Kein Rudel kann es sich erlauben, unsoziale, respektlose, verzogene Familienmitglieder zu haben! Das Rudel braucht seine Energieressourcen um sich vor Feinden schützen zu können und auf Beutezug zu gehen und nicht, um ständig Streitereien in den eigenen »vier Wänden« zu schlichten. Somit ist es eine lebenswichtige Notwendigkeit, dass Harmonie und Ruhe im Rudel herrscht!

Also nehme Dir ein Beispiel an den Hunden und sorge dafür, dass aus Deinem Welpen ein wertvolles Mitglied der Gesellschaft wird!

Wenn Du Dir einen Welpen ins Haus holst, versuche bitte sehr konsequent die 4 Standbeine der »Shanti-Methode« umzusetzen. Stelle ihn nicht in den Mittelpunkt, gebe ihm nicht zu viel Raum, bestätige ihn mit ruhiger brummiger Stimme, keine Kopfstimme, kein aktives Lob und greife sofort korrigierend ein, wenn er sich nicht korrekt verhält. Beschütze und behüte ihn und erinnere Dich immer daran, dass das erste Jahr im Leben eines Hundes das am stärksten prägende ist. In dieser Zeit baut der Hund ein Weltbild auf, das zum größten Teil Du ihm vermittelt hast.

Es ist immer einfacher für uns Menschen dem Hund vom ersten Tag an ein richtiges Verhalten beizubringen, als ihm später ein falsches »abtrainieren« zu wollen. Erinnere Dich bitte daran, dass das erste Jahr für einen Hund von der Entwicklung her wie 18 Jahre für uns sind. Wenn Du ihn auch nur ein paar Wochen vernachlässigst ist es so, als ob Du ein Kind über Monate, wenn nicht sogar Jahre, nicht erziehst. Also sei bitte liebevoll, aber auch sehr klar vom ersten Moment an, wenn der Kleine in Dein Leben (nicht erst in Deine Wohnung) tritt!

Damit meine ich, dass Du schon beim Züchter (oder Tierheim o. a.) wie ein Anführer auftrittst. Schon beim Züchter zeige ich dem Kleinen, dass ich ein höfliches Verhalten von ihm erwarte. Wenn er ungezügelt an mir hochspringt verweise ich ihn von mir. Erst wenn er mich fragend anschaut, darf er wieder in meine Nähe. Ich quietsche nicht wie Mickey Mouse herum und benehme mich total hysterisch beim Anblick des zuckersüßen Wurfs, sondern verhalte mich sehr ruhig und rede, oder flüstere eher, wenn überhaupt, mit einer warmen Herzstimme! So lernt der Welpe vom ersten Moment an, dass ich Respekt einfordere und Stärke ausstrahle. Er fühlt sich so sofort wohl an meiner Seite und wenn es dann Zeit ist, mit zu mir ins neue Haus zu kommen, gibt es kaum einen Trennungsschmerz, denn er weiß ja, dass er einen souveränen Menschen an seiner Seite hat, dem er vertrauen kann.

Zuhause sollte der Welpe einfach in Ruhe gelassen werden. Er muss erst mal begreifen, dass er jetzt zu mir gehört. Somit sind außer meinen Hunden und meiner Familie keine anderen Hunde oder Menschen anwesend – für mehrere Tage!

Wir verrichten unseren Alltag aber genauso so, als ob der Welpe gar nicht da wäre. In meinem Fall heißt es sogar, dass ich auch außer Haus gehe und der Kleine somit ohne mich zuhause bleibt. Da meine anderen Hunde da sind, ist das kein Problem. Das solltest Du natürlich nur machen, wenn Du ebenfalls schon einen Hund hast, der sich liebevoll und erzieherisch dem Kleinen annimmt. Wenn das nicht der Fall ist, fängst Du trotzdem vom ersten Tag an dem Welpen zu zeigen, dass es absolut normal ist, dass Du mal kurz weg bist und auch wieder zurückkommst. Du fängst so damit an, dass Du mal ins Bad oder auf die Toilette gehst und die Tür hinter Dir zumachst. Auch wenn es nur 1-2 Minuten sind. Wenn Du wieder rauskommst, ignorierst Du den Kleinen; so zeigst Du ihm, dass eigentlich nichts passiert ist. Einige Stunden später gehst Du vielleicht mal raus an den Briefkasten oder in den Keller, schließt wieder die Tür hinter Dir zu und kommst wieder rein, ohne ihn zu beachten. Baue es Schritt für Schritt auf und verlängere die Dauer Deiner Abwesenheit kontinuierlich. Die beste Zeit dafür ist, wenn der Kleine ausgetobt ist, gefressen hat und ruhen möchte. So lernt der Kleine, dass er Dir vertrauen kann – Du kommst schließlich immer wieder zurück!

Auch in der Natur ist es der Anführer, der als einziger das Recht hat, zu kommen und zu gehen wann er will.

Wichtig ist Deine Einstellung dabei. Wenn Du ein schlechtes Gewissen hast, strahlst Du keine ruhige Führungsenergie aus, sondern eine schwache unsichere. Somit vermittelst Du dem Hund, dass es auch für Dich schlimm ist, wenn ihr getrennt seid. So wirst Du Dir einen Hund heranziehen, der jedes Mal, wenn Du nach Hause kommst, ausflippen wird, oder schon anfängt Probleme zu machen, wenn er merkt, dass Du das Haus verlassen willst.

Ziel sollte sein, dass es der Hund recht locker nimmt, wenn Du gehst und das es für ihn auch nichts Aufsehenerregendes ist, wenn Du wieder nach Hause kommst. Meine Hunde sehe ich meist gar nicht, wenn ich nach Hause komme. Wenn ich dann in die Küche gehe, um meinen Einkauf abzustellen, kommen sie ein paar Sekunden später weich wedelnd hinterher. Also völlig unspektakulär und sehr entspannend für mich. Für mich wäre es eine Katastrophe, wenn mich meine Hunde so »begrüßen« würden, wie so mach ein Kundenhund seinen Menschen. Wahrscheinlich wäre ich dann halb tot, denn meine drei Hunde wiegen ausgewachsen zusammen ca. 150 kg. Du kannst Dir vorstellen, wie sich das anfühlen muss, wenn Dich 150 kg anspringen! Ich werde es noch mal ganz klar aussprechen:

Ein Hund, der seinen Menschen bei der Begrüßung wild und gezielt anspringt, freut sich nicht, sondern korrigiert den Menschen!

Es ist ein deutliches Zeichen, dass Du nicht der Anführer bist, sondern er sich für Dich verantwortlich fühlt. Es ist in etwa so, als wenn Dein kleines Kind mit 5 Jahren einfach abhaut und die Tür hinter sich abschließt. Ich schwöre Dir, Du legst Dich nicht entspannt auf die Couch und machst ein Schläfchen, sondern hast unglaublich Stress! Je nach Deiner Persönlichkeit kann es sein, dass Du vor lauter Angst um Dein Kind anfängst zu weinen, oder die Wohnung auseinander nimmst. Wenn Dein Kind dann Stunden später wieder gesund auftaucht, weißt Du auch nicht, ob Du es jetzt vor lauter Erleichterung abküssen, oder ihm vor lauter Wut, weil es Dir so viele Sorgen bereitet hat, den Hintern verhauen sollst während Du ihm gleichzeitig die Leviten liest. So in etwa fühlt sich ein Hund, der seinen Menschen hysterisch anspringt!

Verzeihe mir bitte, wenn ich mich in manchen Punkten wiederhole, aber der Mensch lernt nun mal aus Wiederholungen. Also höre auf, Dir in die eigene Tasche zu lügen. Kein Mensch würde sich aus lauter Freude so unsozial verhalten! Das ist ein durch und durch unverschämtes Verhalten. Ein Hund, der seinen Menschen wirklich respektiert und auch als Anführer ansieht, würde sich ihm gegenüber nie so aufführen! Echte respektvolle Freude zeigt sich in einem weichen, ruhigen Verhalten. Manche Hunde grinsen auch, oder begrüßen ihren Menschen mit einem zärtlichen »Wolfsheulen«. Mein Landseermädchen Nala macht das ganz besonders gerne. Das hört sich einfach genial an!

Manche Hunde, speziell Welpen, wollen Dir ihre Zuneigung, ihre Huldigung zeigen, indem sie Dich im Gesicht, am liebsten an den Mundwinkeln, lecken möchten. Das erlaube ich ab und zu. Ich knie mich hin und der Hund darf an mir »hochklettern«. Aber dieses vorsichtige »an einem Hochklettern« hat nichts mit einem frechen, korrigierenden Anspringen zu tun!

Je normaler, ruhiger und konsequenter Du Dich Deinem Welpen gegenüber verhältst, umso leichter, selbstverständlicher und angenehmer wird das Leben für ihn und Dich.

Es ist für mich immer selbstverständlich, dass der Welpe die ersten Nächte in meinen Armen schläft, auch gerne mit meinen anderen Hunden zusammen. Aus Matratzen baue ich uns ein Schlaflager. Nicht nur, dass mein Herz dabei aufgeht, wenn ich so alle meine Hundeschätze bei mir habe – was kann es mehr an Nähe und Verbundenheit für den Kleinen geben? Ein Welpe, der diese Nähe in der ersten Zeit bekommt, bindet sich so intensiv an den Menschen! Wenn ein Hund mit sanftem Druck im Arm gehalten wird, wirkt sich der Druck vollkommen beruhigend auf das gesamte Nervensystem aus. Der Hund verbindet so diese angenehme Ruhe und Geborgenheit mit Dir! Je mehr der Welpe solche Nähe verspürt, umso aktiver entwickeln sich seine Spiegelneurone. Diese Spiegelneurone sorgen dafür, dass der Hund empathisch wird – die wichtigste Voraussetzung für ein soziales Verhalten.

Es gibt kaum etwas Grausameres, als einen Welpen zu isolieren. In der Natur würde es den sicheren Tod für den Kleinen bedeuten. Also selbst wenn Du, aus welchen Gründen auch immer, den Hund später nicht nachts bei Dir haben möchtest, gebe ihm in den ersten Nächten die Sicherheit durch Deine Nähe. Meine Hunde schlafen nachts bei mir neben (!) dem Bett und ich muss sagen, es fühlt sich für mich einfach nur unheimlich schön an, hat was total Gemütliches und auch Beruhigendes! Die Nacht ist die längste Zeit des Tages, in der die Hunde mit uns zusammen sein können. Dadurch, dass sie uns fühlen, riechen und auch hören, können sie sich zutiefst entspannen und richtig loslassen. Auch in der Hundewelt schläft die Familie zusammen und keiner würde auf die Idee kommen, die Babys zu isolieren!

Auch jedes Naturvolk hat seine Babys bei sich, nur wir »schlauen, ach so hoch entwickelten« Menschen isolieren gleich unsere Neugeborenen von uns!

Zudem hat diese Nähe noch eine andere, sehr praktische Seite. Ich merke so sehr schnell, wann der Welpe wach wird und kann ihn sofort in den Garten tragen, wo er sich lösen kann. Wenn er erfolgreich sein Geschäft gemacht hat, strahle ich ihn an und bestätige ihm durch ein warmes, tiefes Brummen oder ein »gut gemacht«, wie stolz ich auf ihn bin, weil er das alleine zustande gebracht hat. Dann trage ihn wieder rein und wir schlafen weiter.

Kleiner Tipp: Gebe ihm immer das gleiche Kommando zum Lösen (ich sage immer »mach mal, feiner Hund«). Natürlich versteht er nicht was ich sage, aber nach unzähligen Wiederholungen verknüpft er es mit seinem Geschäft. Und später ist es superpraktisch, da so die Hunde quasi lernen (natürlich nur, wenn sie wirklich müssen) auf Kommando zu machen.

Tagsüber wird er regelmäßig zum Lösen nach draußen gebracht. Speziell, wenn er viel getrunken, gefressen oder auch getobt hat, und natürlich nach jedem Aufwachen. Übertreibe lieber und lasse ihn stündlich raus. Es lohnt sich, denn so hast Du sehr schnell einen stubenreinen Hund. Auch da ist es immer ein Vorteil, wenn ein erwachsener Hund ihm zeigen kann, dass die Wohnung keine Toilette ist. Sollte doch mal ein Malheur passieren, putze es gründlich weg und gut ist. Mache bitte kein Theater daraus und bitte bestrafe oder schimpfe NIEMALS mit dem Hund. Ein Welpe kann genauso wenig wie ein kleines Kind seine Blase oder seinen Darm kontrollieren. Also wenn Du Lust hast jemanden anzuschreien, weil er nicht aufgepasst hat, nehme einen Spiegel zur Hand und wende Dich an den Verantwortlichen direkt.

Du wirst sehr schnell erkennen, dass ein Welpe immer eine gewisse Unruhe ausstrahlt, wenn er sich lösen will; er dreht sich um sich oder verzieht sich in einen anderen Raum.

Wundere Dich auch nicht, wenn er sich löst, kaum dass Du wieder mit ihm im Haus bist. Je nach Wetter oder Dunkelheit fühlt er sich daheim sicherer und empfindet es auch angenehmer sich drinnen im Warmen und Trockenem zu lösen. Oder er fand es draußen viel zu spannend und konnte sich somit nicht auf sein Geschäft konzentrieren. Kann ich sehr gut nachvollziehen! Also habe Geduld und versuche ihm auch draußen mehr Zeit zu lassen, im Dunkeln an der Leine mit einer Taschenlampe, damit Du Dir auch sicher sein kannst, dass der Gang erfolgreich war!

Aber rechne realistisch damit, dass er sicher das eine oder andere Mal in die Wohnung macht. Mein Gott, ein Kleinkind ohne Windel würde es doch auch machen und doch hast Du sicher nie daran gezweifelt, dass es das Kind mal lernt auf die Toilette zu gehen, oder? Genauso ist es auch bei Hunden, ich kenne keinen, der nicht früher oder später stubenrein geworden ist. Sei geduldig und natürlich sehr konsequent.

Viele Hunde pinkeln in die Wohnung, aber nicht, weil sie nicht stubenrein sind, sondern weil sie entweder beschwichtigen (also nie strafen!) oder auch weil sie die Wohnung markieren. Ein beschwichtigendes Pinkeln erkennst Du daran, dass es der Hund einfach laufen lässt und sich dabei duckt. Wenn er markiert hebt er bewusst das Bein und schaut Dich gerne dabei provozierend an.

Manchmal kann es auch medizinische Ursachen haben, wie z.B. eine Blasenschwäche oder eine entzündete Blase. Und einige kastrierte Hündinnen neigen dazu, inkontinent zu werden. Es kann auch sein, dass der Hund bei der Begrüßung uriniert, entweder vor hysterischer Freude, oder auch vor lauter Aufregung/ Unsicherheit. Somit ein Zeichen für Dich, dass die Begrüßung unspektakulärer, viel ruhiger ablaufen sollte. Also bitte erst mal die Ursache abklären und sich nicht gleich aufregen!

Für einen Welpen ist das Wichtigste, dass er tiefes Vertrauen zu Dir aufbaut; dieses Vertrauen wird euch gemeinsam sicher durch das gesamte Leben begleiten. Um Vertrauen zu entwickeln, muss Dich der Hund respektieren! Diesen Respekt kannst Du Dir aber nur verdienen, wenn Du dem Hund Ruhe und Sicherheit vermittelst. Für meine Hunde bin ich wie der Fels in der Brandung; das sorgt für Ruhe und Harmonie in unserer Familie. Jeder kennt seinen Rang, seinen Platz, seine Aufgaben und Pflichten. Wir sind wie ein eingespieltes Team und fühlen wir uns alle wohl, da wir in einer gesicherten Beziehung leben!

All das kannst Du aber nicht erreichen, wenn Du der Kumpel von Deinem Hund sein willst. Sieh Dich bitte mehr als eine Eltern-, eine Führungspersönlichkeit. Wenn Du Dich mit dem Hund auf eine Stufe stellst, kannst Du nicht erwarten, dass er (im wahrsten Sinne des Wortes) zu Dir aufblickt und somit auch Deinem Urteil vertraut. Manche Menschen gehen sogar noch weiter und stellen sich symbolisch unter den Hund. Ich bin oft bei Kunden, wo der Mensch nur noch als Animateur, Rückenkrauler, Ausführer und Dosenöffner für den Hund eine Bedeutung hat. Frag Dich doch selbst, von wem Du am ehesten bereit bist Anweisungen entgegenzunehmen. Von jemandem, der auf der gleichen Stufe mit Dir steht, jemandem, der unter Dir steht oder von jemandem, zu dem Du aufblickst? Du siehst, manchmal ist es so einfach! Verstehst Du jetzt, warum ein Welpe keinen Spielkameraden in Dir braucht, sondern einen echten Anführer?

Die meisten Kunden von mir wünschen sich, dass ihr Hund sie liebt. Das ist natürlich wunderschön und sollte im Idealfall auch so sein. Aber noch viel Wichtiger ist es, dass Dich Dein Hund bewundert! Du liebst sicher/hoffentlich viele Menschen und doch würdest Du nicht unbedingt Anweisungen von ihnen annehmen oder Dich von jedem beschützt fühlen. Aber wenn ich jemanden bewundere, möchte ich von ihm lernen und bin somit auch bereit ihm, im wahrsten Sinne, zu folgen. Das Nonplusultra ist natürlich geliebt und bewundert zu werden!

Also lege bitte den größten Wert darauf, dass Dich Dein Welpe bewundert und respektiert. Wenn er es nämlich schon nicht als Welpe macht, wird es keinen Grund geben, warum er es plötzlich als erwachsener Hund machen sollte!

Meine sehr kluge Mutter hat mir einen guten Ratschlag mit auf den Weg gegeben, was Männer betrifft: »Vermittle ihm Deine Meinung so, dass er zum Schluss denkt, dass es seine eigene Idee war.« Diesen Tipp kann man noch besser mit Hunden umsetzen!

Druck erzeugt immer Gegendruck! Je mehr Du etwas erzwingen willst, umso mehr entfernt es sich von Dir. Lass einfach los und versuche eher mit Deiner Gelassenheit liebevoll zu überzeugen! Genauso solltest Du es mit dem Hund machen! Er soll das Gefühl haben, dass er von sich aus nichts schöner findet, als Dir zu folgen und Hand in Pfote mit Dir durchs Leben zu gehen.

Ich rufe den Welpen eigentlich so gut wie nie zu mir. Wenn er sich draußen aber ein bisschen zu weit von mir entfernt, setze ich mich, mit dem Rücken zu ihm, hin und brumme ein bisschen, während ich mit meiner Hand auf dem Boden wühle. Vielleicht fällt ja zufällig ein bisschen Futter dabei auf den Boden. Welpen sind ja so neugierig! Sofort findet der Kleine nichts interessanter als sofort zu mir zu eilen. Und Wunder oh Wunder, er erkennt, dass es sich lohnt an meiner Seite zu bleiben. Mal wird er zärtlich massiert, dann pflücke ich mit ihm eine Blume, zeige ihm eine Raupe oder finde sogar eine leckere Beute, die Hund fressen darf. Und das alles, ohne ihn auch nur einmal aufzufordern zu mir zu kommen.

Natürlich ist es auch sinnvoll, ihm das Kommando »hier« beizubringen. Wenn der Hund eh gerade auf dem Weg zu Dir ist, strecke ihm Deine geöffnete Hand entgegen, neige Dich leicht vor und sage ein langgezogenes »Hierrrrrr«. Mit der Zeit reicht nur noch das Handzeichen.

Genauso kannst Du es mit den Kommandos »Sitz«, »Down« (oder wenn Du magst »Platz«) und auch »Bleib« machen. Wenn der Kleine sich gerade von sich aus hinsetzen will, führe ich meinen Zeigefinger über seinen Kopf, zeige nach unten und sage gleichzeitig »Sitz«. Wenn er sich gerade hinlegen will, zeige ich mit meiner flachen Hand auf den Boden »Down« und wenn er gerade entspannt liegt oder steht – zumindest keine Anzeichen zeigt, dass er vor hat sich in den nächsten Momenten zu bewegen – strecke ich ihm meine Hand mit den Fingern nach oben, am steifen Arm entgegen und sage »Bleib«! Wundere Dich nicht, wenn er Dich am Anfang mit einem riesengroßen Fragezeichen anschaut. Nach vielen Wiederholungen wird er aber automatisch anfangen, diese Signale miteinander zu verknüpfen und begreifen, was Du von ihm erwartest.

Aber versuche generell die Kommandos nicht überzubewerten und übertreibe auch nicht mit dem Üben. Ein junger oder pubertierender Hund kann sich oft nur wenige Minuten, wenn nicht Sekunden, konzentrieren. Finde einfach das gesunde Maß und vergiss nie den Spaß beim Üben. Und nach wie vor – so schön es auch ist, wenn ein Hund Kommandos ausführt –: es ist eine Dressur und keine Erziehung. Also habe Deinen Fokus immer mehr auf dem Wesen, dem sozialen Verhalten des Hundes.

Das Allerwichtigste ist bei einem Welpen, dass er nicht aufgeputscht, nicht triebig gemacht wird. Es ist einfach nur traurig, zu wie vielen Welpen ich gerufen werde, die schon so einen Stresspegel haben, dass sie entweder nur noch um sich beißen, winselnd in der Ecke kauern oder nur noch kläffen, wenn nicht sogar schreien. Und das nur, weil der Mensch seinen Welpen nicht in Ruhe gelassen hat, ihn zu vielen Reizen ausgesetzt hat und/oder ständig mit ihm spielen und trainieren wollte!

Nach wie vor steht in einigen Hundebüchern, dass die Prägungszeit eines Hundes nur bis zur 16 Wochen andauert. Das heißt für viele Hundehalter, dass sie den Kleinen überall mit hinschleppen, damit er alles kennenlernt. Ein absoluter Alptraum für die Hunde! Sie werden so mit Input erschlagen, dass sie total »umkippen« und die vielen Eindrücke überhaupt nicht mehr verarbeiten können. Früher vertrat man die Ansicht, dass sich das Gehirn ab einem gewissen Alter nicht mehr weiterentwickelt und somit sämtliches Wissen schon in jungen Jahren (bei Hunden Wochen) erfolgen muss. Das Gehirn ist aber neuroplastisch, das bedeutet, dass es sich auch noch im hohen Alter weiterentwickeln kann, wir unser ganzes Leben lang in der Lage sind, Neues zu erlernen! Gerade bei meiner Arbeit als Coach sehe ich fast täglich, wie manche Menschen sich regelrecht neu erfinden und komplett neue Denkstrukturen entwickeln!

Ein gesunder Hund ruht so zwischen 18-21 Stunden am Tag! Welpen sogar noch einiges länger! Diese Ruhe, speziell der Tiefschlaf, ist lebenswichtig für den Hund. Wie schon erwähnt kann der Hund die Erlebnisse nur in der Tiefschlafphase verarbeiten und somit auch aus ihnen lernen. Wenn der Hund aber nicht zur Ruhe kommt, brauche ich mich nicht wundern, dass er das Erlebte nicht verkraftet und somit massive Verhaltensstörungen entwickelt. Wenn Du Deinen Hund liebst, dann lasse ihn bitte einfach in Ruhe und überfordere ihn nicht. Halte Dich mit Deinem ständigen Antatschen wollen zurück, auch wenn es Dir noch so schwer fällt. Du schadest Deinem Hund damit!

Wie würdest Du Dich fühlen, wenn Dein Partner ständig was von Dir will, immer Party, immer Action, immer schmusen ... Horror, oder? Nicht umsonst hat es die Natur so eingerichtet, dass die Verliebtheitsphase auch mal zu Ende geht – wir wären sonst alle nervliche Wracks und zu fast nichts mehr fähig!

Für mich dauert die intensivste Prägungszeit mindestens ein Jahr – selbst wenn wir, aus meiner Sicht, das ganze Leben immer wieder neu geprägt werden! Es ist einfach nicht möglich, dem Hund alles zu zeigen. Selbst wir erleben doch ständig Neues und wachsen im Idealfall daran. Was viel Wichtiger ist, als dem Hund alles zeigen zu wollen, ist ihm zu vermitteln, dass seine Welt in Ordnung ist, wenn wir an seiner Seite sind. Denn das ist das Wichtigste überhaupt. Nur weil der Hund Neues kennenlernt heißt es nicht, dass der gestärkt und nervenstabil aus dieser Erfahrung herausgeht.

Dazu möchte ich Dir wieder mal ein Beispiel vor Augen führen. Stelle Dir bitte vor, Du hast beim Preisausschreiben eine Dschungelsafari im Amazonas gewonnen. Glücklich und aufgeregt kommst Du beim Treffpunkt an und wartest neugierig mit den anderen Gewinnern darauf, dass die Safari losgeht. Da tritt der Reiseveranstalter mit zwei Neuigkeiten vor euch: Die erste, schlechte ist, dass der Scout, der euch durch den Dschungel führen sollte, einen Unfall hatte und somit nicht kommen kann. Die zweite, positive Nachricht ist aber, dass die Safari trotzdem stattfinden wird und das die Veranstalter beschlossen haben, dass Du die Gruppe anführen sollst. Ok, Du willst kein Spaßverderber sein und wenn Du Dir die anderen Teilnehmer so genau anschaust, erkennst Du selbst, dass Du die beste Wahl bist. Also startet ihr und Du führst die Gruppe an. Aber wie fühlst Du Dich dabei? Kannst Du noch die Schönheit des Dschungels genießen, geschweige denn wahrnehmen? Zuckst Du bei jedem Geräusch zusammen und machst Dir vor Angst fast in die Hosen oder hast Du Dein Buschmesser ständig griffbereit und bist körperlich angespannt wie ein Flitzebogen und bereit sofort zuzuschlagen? Wie auch immer, am Ende der Reise bist Du einfach nur fix und fertig ...

Tja, genauso fühlen sich viele Hunde mit ihren Menschen. Für sie ist unsere Welt ein Dschungel mit unendlich vielen lauernden Gefahren.

Sie brauchen einen Anführer, der diese Welt kennt und dem sie vertrauen können, dass er sie vor möglichen Gefahren beschützt.

Aber jetzt stelle Dir bitte vor, wie Du den Dschungeltrip empfunden hättest, wenn der Scout anwesend gewesen wäre und die Gruppe angeführt hätte. Du hättest Dich ihm anvertraut und hättest Dich somit entspannt. Wenn Dich etwas erschreckt hätte, wärst Du sofort an seine sichere Seite geeilt und er hätte Dich beruhigt und Dir erklärt, dass z.B. diese Schlange nicht gefährlich ist. Am Ende der Safari wärest Du sicherlich müde, aber vollkommen glücklich, da Du so viel Neues und Wunderschönes erlebt hast. Diese Erfahrung hat Dich stärker und glücklicher gemacht. Das nächste Mal läufst Du schon wesentlich gelassener und noch freudiger durch den Dschungel. Und irgendwann einmal ist Dir der Dschungel so vertraut wie Deine Handtasche.

Du erkennst, es geht nicht nur darum, dass der Hund Neues lernt, viel Wichtiger ist, wer an seiner Seite ist, ihn durch die neuen Situationen hindurchführt. Ob es jemand ist, der ihm alles »erklärt« und ihm somit Sicherheit vermittelt, oder jemand, der der auf ihn den Eindruck macht, dass er schwach ist und selbst Angst vor dem Neuen hat.

Also sei der Scout, der Anführer, für Deinen Hund und egal wohin Du ihn auch führen wirst, er wird lernen, dass Neues nichts Bedrohliches ist! Aber überfordere ihn nicht mit dem Neuen; Schritt für Schritt und mit genug Ruhephasen sollte die Regel sein. Achte auch darauf, wie es Dir selbst geht. Wenn Du gestresst bist und eigentlich überhaupt keine Lust hast, lass es bitte bleiben – es kann nichts Gutes dabei herauskommen. Der Hund spürt ganz genau, dass Du Dich nicht wohl fühlst und würde es mit dem »Draußen« verknüpfen, was fatale Folgen haben könnte.

Also wenn ihr beide rausgeht, dann bitte mit der Energie: »Ha, wie genial ist das denn, dass wir beide jetzt etwas Supertolles erleben werden?!«

Rausgehen bedeutet bei mir übrigens nicht, dass man ständig in Bewegung ist. Rausgehen kann auch heißen, dass man sich auch mal einfach inmitten einer Blumenwiese hinsetzt und ein Buch liest, oder einen Sonnenuntergang genießt, während der Hund gemütlich an einem Knochen nagt oder ein Schläfchen hält. Gewöhne den Welpen gleich von Anfang an daran, dass draußen auch mal nur Ruhe bedeuten kann. Schließlich willst Du ja auch einen Hund, dem es keine Probleme macht, stundenlang neben Dir in einem Restaurant zu liegen.

Es geht einfach darum, dass draußen etwas Neues ist, eine andere Umgebung, die man auch mal nur ruhig sitzend durch Beobachten erfahren kann. Also schnappe Dir mal Deinen Welpen und setzte Dich mit ihm auf eine Bank beim Kinderspielplatz. So lernt er vom ersten Moment auch Kinder einzuschätzen. Auch Hunde können nur etwas einordnen, wenn wir ihnen die Möglichkeit geben, es zu beobachten. Das ist megaspannend und auch sehr fördernd im Lernen. Wir lernen durch Wiederholungen und auch durch Beobachten. Gerade Dinge, Situation, die uns beunruhigen, die wir als Bedrohlich wahrnehmen, verlieren ihre Gefahr, wenn wir sie über einen längeren Zeitraum beobachten können und somit erkennen, dass sie vollkommen harmlos sind.

Also zerre Deinen Hund nicht an schreienden Kindern, weidenden Kühen, lauten Baustellen usw. vorbei, sondern bleibe entspannt stehen und gebe ihm so viel Zeit, wie er braucht, um zu erkennen, dass alles vollkommen harmlos ist. Ideal ist es, falls er Angst zeigt, dass Du ihn dabei auf Deinen Arm nimmst und wieder leichten Körperdrück ausübst. Das wirkt extrem beruhigend und beschützend auf ihn.

Ja, ich weiß genau was Du jetzt denkst: »Aber man soll doch keine Hunde auf den Arm nehmen!« Absoluter Schwachsinn so eine Aussage. Jede gesunde normale Mutter nimmt doch auch ihr kleines Kind auf den Arm, wenn sie spürt, dass es Angst hat. Wen ich nicht auf den Arm nehmen würde, wäre ein Kind, dass andere wütend anpöbelt. Erkennst Du den Unterschied? Einen kläffenden, wütenden Hund würde ich nicht noch mehr Sicherheit vermitteln, indem ich ihn größer mache; der gehört eher auf eine gesunde Art und Weise, im wahrsten Sinne, auf den Boden der Tatsachen gebracht! Aber ein ängstlicher, junger Hund braucht von mir Geborgenheit und Stärke.

Vermeide bei einem Welpen alles, was ihn auch körperlich aufputscht: also wirf bitte nicht mit Stöcken oder Bällen. So lernt er nur, dass es Beute ist, die man verfolgen soll. Baue es so auf, dass Du etwas hinter Dich wirfst und wenn er vorpreschen will, stoppst Du ihn. Erst wenn er entspannt sitzen oder stehen bleibt und Dich anschaut, darf er zu dem geworfenen Gegenstand. So bist Du wichtig, nicht die Beute! Diese Übung lässt sich auch toll mit Futter machen. Mit der Zeit wird er lernen, dass Du entscheidest, wann er hinter einem Gegenstand her rennen darf und wann er ihn einfach ignorieren soll. Es gibt kaum was gefährlicheres, als einen Hund, der einen Beutetrieb hat und alles vehement gegen andere Hunde, oder sogar gegen Menschen, verteidigt. Hunde sollen/müssen lernen, dass Stöcke, Bälle, etc. nicht wichtig sind. Es macht Spaß sie mal (auch gemeinsam mit anderen Hunden) zu tragen, oder zu apportieren, aber es ist keine Beute, die verteidigt wird! Also lasse solche Spielchen am Anfang, sie bereiten dem Hund nur Stress und mittlerweile weißt Du ja, dass Stress das Schlimmste überhaupt für Hunde ist.

In diese negative Spielkategorie gehören auch alle Zerrspiele. Das kann er gerne mit anderen jungen Hunden machen, um seine Kräfte zu messen, aber auf gar keinen Fall mit Dir oder Deinen Kindern!

Du kennst doch sicher auch Hunde, die ständig an der Leine zerren, oder sofort zu jedem fremden Menschen rennen, wenn der etwas in der Hand hält, um es sich holen. Du solltest dem Welpen vom ersten Moment an signalisieren, dass alles tabu für ihn ist, was Du in die Hand nimmst, außer, Du gibst es ihm. Ich laufe gerne mal mit einer Butterbrezel, einem Würstchen, oder einem Stock durch die Wohnung. Alles halte ich locker herabhängend an meinem Bein runter und wenn der Kleine auch nur den Versuch macht, es mir aus der Hand zu klauen, wird er sofort von mir korrigiert. Ich nehme ihm Raum; es kann auch passieren, dass ich ihn leicht von mir wegschubse. Der Hund muss weg, nicht meine Beute! Die meisten Menschen reißen den Arm hoch, um ihr Würstchen, oder was auch immer, vor dem frechen Hund zu retten. Das ist falsch! Kein Anführer hat es nötig seine Beute vor dem anderen zu retten, indem er sie z.B. hinter seinem Rücken versteckt. Also übe und Du wirst es später toll finden, dass Du mit Deinem Hund durch Menschenmengen laufen kannst und keine Befürchtungen haben musst, dass Dein Hund kleinen Kindern ihr Eis aus der Hand klaut.

Habe das Bild von kreischenden Frauen, die sich beim Schlussverkauf um eine Handtasche prügeln (jede zerrt an einem Ende der Tasche), vor Augen. Kein Mensch muss sich so mit seinem Hund aufführen! In dem Moment, in dem Du etwas in die Hand nimmst, hat der Hund es zu ignorieren. Wichtig ist auch, dass der Hund lernt alles loszulassen (auch wenn es der leckerste, für unsere Sinne, ekligste

Knochen ist), sobald wir es von ihm verlangen oder es anfassen! Die Schwierigkeit dabei ist, dass das komplett wider der Natur, der Höflichkeit ist. Kein höflicher Mensch, auch kein sozialisierter Hund, würde einem anderen was wegnehmen! Selbst ein Welpe hat das Recht, sein Futter knurrend vor einem erwachsenen Hund zu verteidigen. Und doch geht es nun mal nicht anders, auch wenn der Hund uns in dem Moment komplett für Gaga hält.

Um ihm das beizubringen, wirst Du nicht brutal und zerrst es ihm aus dem Maul sondern, falls er schon danach geschnappt hat, hältst es einfach ganz locker. Fange nicht an, mit Deinem Hund um diese Beute zu kämpfen. Versteife Dich, richte Dich innerlich total auf und schaue ihn mit weitaufgerissenen Augen an. Ganz nach dem Motto: »Das ist doch wohl nicht Dein Ernst?!« Normalerweise langt das schon (wenn Du der Anführer bist), falls nicht, biete ihm in den Moment die Möglichkeit eines Tauschgeschäftes an. Du hast noch eine viel interessantere Beute in Deiner anderen Hand, die er bekommt, wenn er Deine Beute loslässt. Wenn er seine Beute losgelassen hat, nehme ich sie an mich, bewundere sie und gebe sie ihm wieder zurück! Ich zeige ihm somit, dass ich fair bin und ihm nichts wegnehme. Schon nach kurzer Zeit präsentiert mir der Kleine stolz seine gefundenen Schätze und ich bewundere sie jedes Mal ausgiebig und reiche sie ihm wieder zurück. Nach einer gewissen Zeit nehme ich aber den Gegenstand ganz zu mir und biete ihm etwas viel besseres an, was ihn länger beschäftigt (lege ihm z.B. eine Fährte mit lauter leckerem Futter). Du wirst sehen, er hat seine alte Beute recht schnell vergessen! Sei geduldig und Dein Hund wird Dir später ALLES sofort voller Vertrauen überlassen!

Nicht vergessen, Du bist nicht sein Kumpel. Von denen hat er hoffentlich mehr als genug. Du solltest einmalig für ihn sein.

Ein Welpe hat automatisch eine hohe körperliche Energie, das ist das Privileg der Jugend. Diese wird mit dem Alter automatisch weniger, was aber nicht heißt, dass der Hund somit einfacher wird. Wäre das der Fall, wären alle älteren Hunde, wie auch Menschen, superangenehm. Das Alter kann wunderschön sein, wenn ich mich innerlich stark und ausgeglichen fühle. Aber wenn mich mein gesamtes Leben überfordert, empfinde ich diese Last immer stärker, je älter ich werde. Die Nervenkraft wird Hand in Hand mit der körperlichen Energie schwinden, wenn ich nicht gelernt habe, mich zu entspannen und mein Leben in den Griff zu bekommen. Erst dann kann die innere Stärke die körperliche Schwäche kompensieren. Sorge dafür, dass Du Deinen Hund nicht geistig überforderst und nicht körperlich aufputschst. Fördere alles, was mit Ruhe und Entspannung zu tun hat. Meine Hunde lernen z.B. vom ersten Tag an, dass es tabu ist, in der Wohnung zu toben. Zärtlich miteinander zu schmusen, oder auch mal, auf dem Boden liegend, miteinander zu kabbeln ist in Ordnung – aber sonst ist Ruhe angesagt. Das haben sie so verinnerlicht, dass auch jeder fremde Hund sofort zur Ordnung gerufen wird, wenn er sich die Frechheit rausnimmt und anfängt, durch die Wohnung zu rasen oder sie zum Toben aufzufordern. So liegen manchmal bis zu 8 Hunden gleichzeitig bei mir herum und dösen zufrieden vor sich hin. Bedenke immer, was bei einem Welpen vielleicht noch süß und lustig aussieht, kann bei einem 50 kg Hund ganz anders wirken.

Stelle Dir doch immer wieder selbst die Frage, was eine Führungspersönlichkeit auch für Dich ausstrahlen sollte. Wie würde jemand auf Dich wirken, der hibbelig ist, nie auch nur ansatzweise ruhig sitzen kann, immer unter Strom steht ... Führung heißt immer Klarheit und Ruhe, das Gefühl zu haben, seine Emotionen zwar auch zu leben, aber sie unter Kontrolle zu haben, somit sich und sein Leben im Griff zu haben.

Ruhe ist genauso hochgradig ansteckend wie Unruhe! Entscheide selbst, was Du Deinem Hund vermitteln willst!

Vergiss außerdem bitte nie, dass wenn ein Hund in die Pubertät kommt, er komplett mit Geschlechtshormonen überflutet wird, die ihn zusätzlich noch extrem stressen. Wenn Du den Welpen schon vorher nervös gemacht hast, bist Du dem Pubertierenden kaum noch gewachsen. In keinem Alter ist der Hund psychisch instabiler und kann schneller in seinem Verhalten »kippen«. Der Satz: »Das hat er ja noch nie gemacht!« könnte als Endlosband aus Deinem Mund kommen.

Nicht umsonst wenden sich die meisten Menschen hilfesuchend an mich, wenn ihr Hund mitten in der Pubertät steckt. Je nach Rasse kann das im Alter von 8 Monaten anfangen und bis zu 3 Jahren andauern. Es gilt die Regel, dass je größer die Rasse ist, der Hund länger braucht, um geistig und körperlich auszureifen. Bei Riesenhunden behaupte ich gerne, dass zuerst die Energie in den Körper und dann erst in den Kopf geht. Je größer der Schädel, umso länger dauert es auch, bis das was Du ihm gesagt hast, von den Ohren bis ins Gehirn wandert!

Ich nenne die Pubertierenden immer ALfs (Außergewöhnliche Lebensform). Nicht nur, dass es viel netter klingt als Rüpel oder Flegel – es beschreibt auch passender, wie sich der Hund fühlt und wir ihn empfinden. Nicht jeder ALf ist zudem automatisch ein Flegel! Die Hunde sind einfach nur durcheinander und haben große Probleme damit, sich zu konzentrieren. Plötzlich haben sie andere Interessen und fühlen sich an einigen Tagen wie der King persönlich und einige Stunden später komplett überfordert und ängstlich. Wie Du erkennen kannst, geht es dem Hund kaum besser, als uns Menschen, wenn wir pubertieren.

Er fängt an sich für das andere Geschlecht zu interessieren und entdeckt auch neue Fähigkeiten an sich (die uns nicht immer begeistern müssen). Es kann auch sein, dass er seine Freude plötzlich gar nicht mehr so nett findet und sogar Streitereien mit ihnen anfängt oder völlig genervt von ihnen ist. Und auch Dir gegenüber wird er sich verändern. Seltsamerweise bekommen alle Pubertierenden eine mysteriöse Ohrenkrankheit! Diese Krankheit macht es ihnen unmöglich auf ihre Menschen zu hören. Bis jetzt gibt es auch keine Medizin die schnelle Heilung verspricht. Aber ich kann Dich beruhigen: wenn Du Dich weiterhin sehr (!!!) geduldig und verständnisvoll (ein Lächeln im Gesicht ist wirklich zu empfehlen) ihm gegenüber gibst, wird der Hund vollkommen geheilt werden! Aber wenn Du jetzt ungeduldig, hilflos, schwach, genervt, geschweige denn brutal gegenüber dem ALf auftrittst, kann ich Dir garantieren, dass diese Ohrenkrankheit chronisch wird und somit unheilbar, eher sogar noch andere, schwere Krankheiten (Verhaltensprobleme) nach sich zieht.

Wenn ich mir vorstelle, dass ich Besuch von einem Alien (ALf) bekomme, gehe ich automatisch davon aus, dass er mich nicht versteht. Somit muss ich lernen voller Geduld und Klarheit mit ihm zu kommunizieren. Automatisch werde ich weniger mit ihm reden, sondern zeige ihm eher über die Körpersprache was ich meine. Ich habe ganz sicher nicht das Recht – und hoffentlich auch nicht das Bedürfnis – ihn anzubrüllen, geschweige denn ihm einen Nackenstoß zu verpassen, nur weil er sich, für meine menschlichen Begriffe, unmöglich verhält.

Also begreife, dass Dein Hund zwar noch optisch wie Dein Hund aussieht, dass sich aber während der Pubertät eine fremde Macht in ihm eingenistet hat. Sobald diese Macht auf den eigenen Planeten zurückkehrt, wirst Du sehr schnell Deinen Hund, speziell was sein Verhalten angeht, wiedererkennen – er wird sogar noch wunderbarer sein, als vor seiner Pubertät.

Ich konnte es erst vor kurzem wunderbar bei Nala, meiner Landseerhündin, beobachten. Während der Pubertät war sie zwar auch wunderbar, aber sie lebte ein bisschen nach dem Motto: Wenig ist gut, mehr ist viel besser! Das bedeutete, dass sie manchmal über die Stränge geschlagen hat. Ich war einige Zeit ständig am Korrigieren, was ihr Verhalten betraf. Heute mit fast 3 Jahren ist sie so gelassen und souverän, dass sie zu 95% eigenständig mit mir zusammen arbeitet und ich sie nur noch in den seltensten Momenten korrigieren muss.

Worüber sich die wenigsten Menschen, betreffend ihrer Hunde, immer noch nicht bewusst sind, ist, dass ein Hund auch streiten lernen muss! So wie für uns Menschen auch ist es absolut wichtig für einen Hund, dass er lernt sich selbst zu verteidigen, aber auch andere zu respektieren. Er muss lernen Konflikte auf eine gesunde Art und Weise auszutragen, auch wenn es dazu mal einen Machtkampf geben muss. Das sieht im ersten Moment sehr gefährlich aus und hört sich auch heftig an, aber keine Sorge: Hier geht es nicht darum, den anderen zu verletzen, sondern es wird nur eine heftige Diskussion ausgetragen. So schnell wie es angefangen hat, ist es auch schon vorbei und die Hunde laufen, nachdem sie den Stress abgeschüttelt haben, neben sich her, als sei nichts passiert. Natürlich kann es auch bei diesen Kämpfen zu Verletzungen kommen. Aber nur in den seltensten Fällen handelt es sich um schwerwiegende! Meistens sind es eingerissene, oder gepierte Ohren, weil ein Zahn hängengeblieben ist, um einen Zahnabdruck an der Pfote (wurde dort festgehalten) oder eine Hautwunde (gerade bei Hunden, die nicht viel Fell haben). Kinder rangeln sich auch mal und kommen mit blauen Flecken oder aufgeschürften Knien nach Hause. Also tief durchatmen und alles ein bisschen lockerer sehen. Wer mit so was nicht klar kommt, sollte sich besser ein Plüschtier anschaffen und kein Raubtier wie einen Hund!

Auch wenn wir Menschen gerne auf solche Szenen verzichten würden, finde ich mittlerweile nichts Ungewöhnliches mehr an solchen

Auseinandersetzungen. Es gehört einfach zur Hundekommunikation dazu. Bitte nicht falsch verstehen, diese »Kämpfe« passieren sehr selten, auch bei mir in den Gruppen und natürlich auch mit meinen eigenen Hunden, deren Aufgabe es unter anderem ist, mit problematischen Hunden zu arbeiten. Das heißt, dass sie kämpfende Hunde trennen und auch mal einen, wenn es unbedingt sein muss, »Machtkampf« korrigieren. Es ist immer wieder verblüffend, wie sich die Beziehung hinterher positiv zwischen den Hunden entwickelt. Man könnte fast meinen, dass diese Auseinandersetzung für Klarheit gesorgt hat und der Hund die Stärke, die Autorität des anderen Hundes dann besser akzeptiert. Trotzdem, ich erwähne es nochmal, ist und bleibt es auch bei mir im Training die Ausnahme! Ich schicke auch nur meine Hunde in solch eine Situation hinein, wenn der andere Hund bereit ist, ihre Korrektur anzunehmen – sonst wäre es für beide Hunde viel zu gefährlich! Mit solchen Hunden wird natürlich nur mit Maulkorb gearbeitet.

Unter meinen eigenen Hunden hat es noch nie solch einen Machtkampf gegeben. Auch daran kann man sehen, dass die richtige Erziehung von Anfang an manchmal reicht und die Hunde somit lernen durch subtilere Korrekturen miteinander zu kommunizieren.

Oft reicht es vollkommen sich einfach nur zwischen zwei Hunde zu stellen, wenn man spürt, dass sich eine Spannung aufbaut, oder sie aus dem Geschehen einfach rauszunehmen. Je nach Situation ist es aber das Sinnvollste, natürlich mit Hilfe von uns, die Hunde sich wirklich mal »zusammenraufen« zu lassen. So wie bei uns Menschen ist manchmal ein klärendes Donnerwetter gesünder als ständig, mit innerer Anspannung, um einander herum zu schleichen.

Wir sollten nie vergessen, dass Hunde in erster Linie (Raub-)Tiere sind und dieses auch ab und zu mal in ihrem Verhalten durchblitzt. Also bitte sei nicht schockiert, sondern helfe Deinem Hund Konflikte fair und ruhig zu klären und Du wirst sehen, dass er sich zu einem mental gesunden Hund entwickeln wird, dem Du auch vertrauen kannst.

Eins solltest Du noch wissen. So wie wir Menschen auch, wird sich der Hund in der pubertierenden Phase mit seinem Berufswunsch auseinandersetzen. Das heißt, dass er meist mehrere Praktika ablegt um zu überprüfen, welcher Beruf ihm zusagt: Nalas (ihre Pubertät ist erst seit kurzem vorbei, deshalb kann ich mich natürlich sehr gut daran erinnern, in was sie sich alles ausprobiert hat) erste Wahl war Schuhdesignerin. Ich muss zugeben, da hat meine Schuhleidenschaft sicher einen großen Einfluss auf sie ausgeübt. Allerdings lagen unsere Geschmäcker weit auseinander. Sie war der Meinung, dass ein Lochmuster in meinen neuen, teuren Stiefeln der letzte Schrei wäre. Naja, sie hatte nicht ganz unrecht: ich habe wirklich geschrien! Dann versuchte sie sich als Gärtnerin. Einfach unglaublich, wie der Garten nach 5 Minuten aussieht, wenn ein arbeitseifriger Hund seiner Fantasie freie Fahrt lässt! Dafür hätte ich Stunden gebraucht! Auch das habe ich ihr – Gott sei Dank – ausreden können. Dann folgte der Berufswunsch Innendekorateurin. Da war sie wirklich sehr talentiert, speziell was die Deko betraf. Auch wenn das Praktikum nur zeitlich begrenzt war, hat es mir sehr viel gebracht, z.B. neue Schränke, und ich habe gelernt, zumindest für meine Verhältnisse, perfekt aufzuräumen.

Stundenlang haben wir darüber diskutiert (sie war gerade in der Phase: »Ich möchte Schneiderin werden!«) warum ich freiwillig sehr viel Geld für eine destroyed Jeans hinlege und zerrissene BH´s (die ich von ihr gratis kriege) dagegen überhaupt nicht mag. Das Positive daran war, nach 3 BH´s hat sie es kapiert und mein Nachbar ist seitdem supernett zu mir – da Nala ihre Arbeit immer gerne mit in den Garten nahm und ich somit meine Unterwäsche da aufsammeln durfte!

Ein kleiner Tipp von mir: Immer wenn mein Hund etwas zerstört hat, machte ich mir erstens klar, dass er es nur umdesignen wollte und es nicht böse meinte und zweitens fragte ich mich immer: »Wie würde mein Leben z.B. ohne diesen Pulli aussehen? Wie würde es aber ohne meinen Hund aussehen?« Und schon erkannte ich sehr schnell, was oder wer wirklich wichtig ist. Und vergiss nie: eines Tages weiß Dein Hund ganz genau was sein wirklicher Job ist.

Ich gebe es zu, ich habe alles daran gesetzt Nala in ihrer Berufswahl zu manipulieren. Du weißt ja schon, dass ich fest davon überzeugt war, dass der therapeutische Beruf ideal für sie wäre. Die Frage war nur, in welcher Form sie ihn ausüben sollte, konnte und wollte. Es gibt unzählige Varianten. Simba z.B. war perfekt für alle Hunde (bis auf sehr junge Welpen), aber nicht für behinderte Menschen, die nervten ihn, weil sie seine Korrekturen nicht begriffen und somit nicht annehmen konnten. Somit wurde er bei gewaltbereiten Jugendlichen und traumatisierten Kindern eingesetzt. Da war er einfach nur genial! Shanti dagegen wäre mit aggressionsbereiten Kindern überfordert – aber behinderte und traumatisierte oder unsichere Menschen, genauso wie sehr junge Welpen sind ihre Welt, in der sie sich wohlfühlt. Also wurde Nala vom ersten Moment mit den unterschiedlichsten Hunden und Menschen konfrontiert und siehe da: sie liebt die gleichen Jobs wie Simba. Nur bei extrem aggressionsbereiten Hunden muss ich sie über die Schleppleine korrigieren, da sie sich selbst gefährden würde.

Und wie wir Menschen beherrscht auch der Hund seinen Job nicht von Anfang an. Er braucht eine Ausbildung, in der er liebevoll angeleitet wird und in der er natürlich auch mal Fehler machen darf. Bei meinen Hunden dauert die Ausbildung gute 3 Jahre. Die Anforderungen werden dem Alter, den Fähigkeiten und der Persönlichkeit des Hundes individuell angepasst. So kenne ich jeden meiner Hunde und weiß ganz genau, welcher Job perfekt für sie ist und wo ich ihnen helfend zur Seite stehen muss bzw. sie überhaupt nicht einsetzen darf.

Nach fast 3 Jahren hat sich Nala nun endgültig dafür entschieden hauptberuflich als Therapiehund gemeinsam Pfote in Hand mit mir zu arbeiten. Ab und zu geht kommt noch die Innendekorateurin in ihr hoch, aber ein Hobby muss ein Hund nun mal haben! Und ich werde so immer wieder daran erinnert aufzuräumen.

Also lasse dem Hund bitte Zeit erwachsen zu werden. Zeige ihm, dass es wichtig ist andere zu respektieren, aber auch, dass er das Recht hat, diesen Respekt für sich einzufordern. Begleite ihn liebevoll, aber immer sehr klar durch die wunderschöne, aber auch sehr schwierige Zeit des Erwachsenwerdens. Und genieße jede Sekunde mit ihm. Wenn er Dich zur Weißglut bringt, lächle in Dich hinein und erinnere Dich an Deine Pubertät – ich wette mit Dir, dass Du in den Momenten Deine Eltern sehr viel besser verstehst und in Gedanken sogar Abbitte leistest. Sage Dir immer wieder, dass alles, was Du dem Hund vermittelst– egal ob auf verbaler, körperlicher oder emotionaler Ebene, nie umsonst war, geschweige denn verschwindet. Spätestens nach der Pubertät zeigt Dir der Hund, wie Du ihn wirklich geprägt und erzogen hast. Du alleine hast die Macht – also nutze sie voller Verantwortung und Freude!

Mehrhundehaltung

Es ist wunderschön mehrere Hunde gleichzeitig zu halten, allerdings nur, wenn sie harmonieren. Ansonsten kann der ersehnte Traum ganz schnell ein Alptraum werden. Nicht selten komme ich zu Kunden, bei denen beide Hunde in unterschiedlichen Zimmern gehalten werden müssen, da sie sich ansonsten angreifen würden.

Gerne sage ich immer: »Zwischen einem und zwei Hunden liegen Welten, zwischen zwei und mehr Hunden liegen Galaxien.« Die meisten Menschen machen sich überhaupt keine Gedanken oder zumindest nicht die Richtigen, wenn sie sich noch einen zusätzlichen Hund ins Haus holen. Wenn ich zwei Hunde habe, habe ich dreifach so viel Arbeit wie mit einem Hund! Jeder Hund muss für sich gefördert, erzogen und umsorgt werden und zusätzlich habe ich noch die Aufgabe mich um beide gleichzeitig zu kümmern. Es ist nichts anderes, als wenn ich Mutter von mehreren Kindern bin. Ich muss jedem gerecht werden und dafür sorgen, dass ihre individuellen Bedürfnisse erfüllt werden und ich sie ihren Fähigkeiten entsprechend motiviere und unterstütze. Zudem ist es auch meine Aufgabe dafür zu sorgen, dass sie sich mit ihren Geschwistern wohlfühlen und jeder seinen Platz, auch im Sinne von Verantwortung/ Pflichten/ Rechten, in der Familie hat. Nur so kann ich davon ausgehen, dass sich alle wohlfühlen und wir in einem harmonischen Familienverband miteinander leben. Aber leider sieht es in der Realität oft anders aus. Streit, wenn nicht sogar eskalierende Aggression, ist an der Tagesordnung, oder die Hunde »verbünden«

(Gruppendynamik!) sich miteinander gegen den Menschen und machen ihm damit das Leben zur Hölle. Ganz dramatisch wenn es sich um zwei große und körperlich starke Hunde handelt, die der Mensch nicht mehr halten kann.

Natürlich bin ich sehr neugierig und frage immer nach, warum es denn ein zweiter oder dritter Hund unbedingt sein musste, oder werden soll. Hier die meisten Antworten:

- »Ich habe mir schon immer mehrere Hunde gewünscht.«
- »Ich wollte das mein erster Hund einen Freund zu spielen hat.«
- »Mir hat das schon immer imponiert, wenn jemand mehrere Hunde bei sich geführt hat.«
- »Der eine Hund ist schon so alt/ krank, deshalb will ich einen zweiten, dann tut der Abschied nicht so weh.«
- »Mein Hund liebt andere Hunde!«
- »Dann können die sich miteinander beschäftigen, ich habe ja nicht so viel Zeit!«
- »Ich wollte noch einem anderen Hund helfen.«
- »Weil ich Hunde einfach so sehr liebe und es genieße mehrere um mich herum zu haben!«

Es geht mir hier nicht darum, ob es gute oder schlechte Gründe für die Anschaffung eines zweiten Hundes gibt. Es geht mir darum, dass Du bitte realistisch und nicht naiv an die Sache rangehst. Der Schuss kann nämlich sehr schnell nach hinten losgehen, wenn Du Dir was vormachst.

Wenn Du mehrere Hunde hast, verstärkt sich alles: Du hast automatisch mehr Arbeit, mehr Dreck, mehr Kosten, mehr Verantwortung, weniger Toleranz von den Mitmenschen, mehr Probleme (organisatorisch). Du brauchst mehr Nerven, mehr Geduld, mehr Führungsqualität, mehr Disziplin, mehr mentale Stärke, mehr Selbstbewusstsein. Du bekommst aber auch mehr Zärtlichkeit, mehr Glück, mehr Action …

Wenn ich (kein Hund verlangt das von mir!) einen neuen Hund haben möchte, ist es meine Aufgabe dafür zu sorgen, dass unter dieser Entscheidung niemand zu leiden hat.

Für mich ist es dann perfekt einen weiteren Hund in mein Herz und mein Heim zu lassen, wenn folgende Punkte gegeben sind:

- 🐾 Meine Hunde, die schon bei mir leben, sind mindestens 2 (besser 3) Jahre alt und vollkommen sozialisiert und entspannt, somit als Vorbilder, wenn nicht sogar als Erzieher, für den Neuen geeignet.
- 🐾 Meine Hunde sind gesund. Ein neuer Hund bringt immer Stress und Unruhe mit sich – ein kranker Hund braucht aber immer an erster Stelle RUHE.
- 🐾 Es ist genug Platz vorhanden. Die Hunde sollen die Möglichkeit haben, sich auch mal zurückzuziehen, sie müssen ihren eigenen Individualbereich haben. Zuviel erzwungene Nähe kann auch Stress auslösen.

Tabu ist es für mich, einem sehr alten oder kranken Hund einen Welpen zuzumuten. Natürlich gibt es auch hier die berühmten Ausnahmen, aber hier ist es ganz besonders wichtig darauf zu achten, dass der alte Hund nicht zu kurz kommt und vor allem, dass ihn der Kleine nicht nervt. Ich persönlich finde es dem alten Hund gegenüber nicht fair. Er hat einen ruhigen Lebensabend verdient und nicht einen fordernden Welpen an seiner Seite. Abgesehen davon verdient er es nicht, mich mit einem anderen Teilen zu müssen! Genieße lieber, mit jeder Faser Deines Körpers, die wenige kostbare Zeit, die euch beiden noch gemeinsam bleibt.

Mache Dir einfach immer wieder klar, dass ein neuer Hund alles verstärkt, was schon vorher da war und das bedeutet in erster Linie immer Stress, Stress, Stress! Somit kann auch Dein Althund wieder in sein altes Problemverhalten zurückfallen, dass er früher hatte.

Wenn Du einen ausgeglichenen, entspannten, souveränen Hund hast, der gelernt hat, auch erzieherisch zu korrigieren, ist es einfach nur wunderbar, wenn ein zweiter Hund dazu kommt. Aber wenn Dein erster Hund schon nicht gehorcht, unsicher ist, keine Bindung zu Dir hat, geschweige denn ein aggressives Verhalten zeigt, lass auf jeden Fall die Hände von einem zweiten Hund! Schon nach kurzer Zeit hättest Du zwei Problemhunde.

Denke immer daran, dass sich der neue Hund IMMER zuerst am Althund orientieren wird. Ist doch normal, dass man sich erst mal an die eigene Spezies hält. Das machen wir doch auch: wir fragen den Menschen und nicht den Hund, wenn wir z.B. wissen wollen, was bei ihm in der Familie so abgeht, was sie wichtig finden und welche Regeln es bei ihnen gibt. Also warum sollte uns der Hund fragen, wenn es ihm der vorhandene Hund sehr viel besser erklären kann. Aber überlege Dir immer sehr genau, ob Du es gut fändest, was der Neue vom Althund erfahren würde.

Ideal wäre es, wenn Dein Althund dem Neuen folgendes sagen würde: »Du kannst Dich glücklich schätzen, hier bei uns gelandet zu sein. Mein Frauchen (oder auch Herrchen) ist der absolute Hit, liebevoll aber auch streng, einfach klasse, Du kannst Dich 100% auf sie/ ihn verlassen und sie/ er hat immer recht, also mache alles, ohne Bedenken, was sie/ er will, dann geht es Dir hier super gut! Generell erwartet Dich ein megatolles Leben. Wir haben täglich viel Spaß miteinander, lernen viel zusammen und treffen fast täglich neue Menschen und Hunde. Das Leben hier ist einfach wunderbar, also schnaufe durch und entspanne dich! Und solltest Du mal Angst haben oder Dich nicht wohlfühlen, gehe gleich zu Frauchen/ Herrchen, die/ das ist immer für Dich da und ich helfe Dir natürlich auch, wo immer ich kann und erkläre Dir alles, damit Du Dich sicher fühlen kannst. Also willkommen in unserer tollen Familie, schön, dass Du jetzt dazu gehörst!«

Meistens hört sich das Gespräch aber so an: »So so, Du bist also der Neue. Also, damit das mal klar ist, die Menschen hier kannst Du vergessen, die wissen viel zu wenig und sind nicht mal in der Lage uns zu beschützen. Das ist mein Job, genauso wie die Erziehung von ihren Welpen oder dem lästigen Besuch, der ab und zu in unseren Bau kommt. Also nehme die nicht so für voll, die wissen eh nicht, wie das hier läuft. Halte Dich an mich, aber wehe, Du nervst mich, dann kann ich auch ungemütlich werden, denn merke dir: das hier ist mein Bau und meine Menschen, um die ich mich kümmern muss.« So in etwa kann ich es mir vorstellen – zumindest sprechen die Resultate davon.

Bitte sei realistisch! Es ist ein Ding der Unmöglichkeit, dass Du aus einem unerzogenen Hund einen erzogenen Hund machst, nur weil Du Dir einen zweiten Hund holst. Hier greift leider nicht die Matheregel: Minus x Minus = Plus. Hier gilt die Regel: Minus x Minus = Dreifachminus!!!

Wenn Du unbedingt zwei wunderbare Hunde haben willst, sorge zuerst dafür, dass der erste Hund wunderbar ist, dann ist der Weg zu zwei tollen Hunden nicht mehr so weit.

Hier ein paar Grundregeln, welche Hunde zusammen passen bzw. es Dir zumindest ein bisschen leichter machen könnten: Solltest Du schon einen supergelassen, relaxten, souveränen Hund haben, wird er mit jedem Hund zurechtkommen und dafür sorgen, dass er sich auch toll entwickelt. Falls das nicht der Fall sein sollte, dann beachte zumindest diese Regeln:

- 🐾 Wenn Dein Ersthund sehr unsicher und ängstlich ist, sollteder Neuhund immer ein ausgeglichener, stabiler Hund sein – gerne auch um einiges älter! Zwei unsichere Hunde sind eine Katastrophe, sehr schnell kann sich eine Angstaggression entwickeln, die sich durch die Gruppendynamik verselbstständigt.

- 🐾 Bei einem aggressionsbereiten Hund wäre es fatal, einen zweiten Hund mit einem hohen Schutztrieb zu holen. Hier (ich persönlich würde bei solch einem Hund überhaupt keinen Zweithund dazu holen) muss es ein sehr stabiler, freundlicher und sorgloser Hund sein, der keinerlei Abneigung gegen Menschen und fremde Hunde hat.

- 🐾 Wenn Dein erster Hund eine sehr hohe körperliche Energie hat, er sehr agil ist, wäre es klüger einen eher ruhigen, mit einer niedrigeren Energie dazuzuholen. Sonst würden sich beide gegenseitig nur extrem aufputschen.

- 🐾 Wenn Du schon eine »Schlaftablette« zuhause hast, wäre es dagegen positiv einen aktiveren Hund als Ausgleich zu holen. So kann der faule Hund zu mehr Bewegung motiviert werden. Außer natürlich, wenn Du es vorziehst, mit zwei »Schlaftabletten« auf der Couch zu sitzen!

- 🐾 Aufpassen sollte man auch, wenn man mehrere Hunde der gleichen Rasse hat. Erstens neigt man verstärkt zum Vergleichen und zweitens können sich die rassespezifischen Eigenschaften oft extrem verstärken – wenn man nicht aufpasst, ins Negative.

- Wenn Dein Hund einen sehr starken Jagdtrieb hat, wäre es sinnvoll einen zweiten Hund dazuzuholen, der keinerlei Ambitionen hat zu jagen. Sonst stehst Du am Schluss ganz alleine da, mit zwei Leinen in der Hand.

- Wenn Du einen mental sehr starken Rüden hast, würde ich Dir zu einem eher femininen, weichen Rüden oder zu einer »Rüdin« (eine sehr selbstbewusste Hündin, die eher männlich ist) raten. Der sanftere Rüde würde sich bei ihm wohlfühlen und der starke Rüde würde ihn nicht als Konkurrenten ansehen. Eine starke Hündin dagegen würde er in ihrer Stärke fördern, sie könnte sich wunderbar und selbstbewusst an seiner Seite entwickeln, wo hingegen eine schwache Hündin ihn zu sehr in die Beschützerrolle zwingen könnte.

- Die schwierigste Kombination ist die von zwei mental sehr starken, dominanten, selbstbewussten Hündinnen, die beide nicht kastriert sind. Hier wäre es oft ratsam eine von ihnen kastrieren zu lassen. Aber Achtung, es sollte auf keinen Fall die Stärkere sein! Bitte lasse Dich hier ganz besonders gut beraten und übereile nichts. Aber keine Sorge, auch das ist hinzukriegen, aber es erfordert schon ein hohes Maß an Führungsenergie.

Diese Regeln sind keine Garantie für eine entspannte Mehrhundehaltung. Es liegt immer an uns Menschen den Hunden zu helfen miteinander auszukommen. Aber wir können es uns von Anfang an schwer oder auch ein bisschen leichter machen, indem wir auf die richtige »Mischung« der Hunde achten. Wenn es dann endlich soweit ist und der neue Hund bei Dir einzieht, achte verstärkt auf die vier Standbeine der »Shanti-Methode«. Selbst wenn es sich bei dem zweiten Hund um einen erwachsenen Hund handelt, ist er neu bei euch. Das bedeutet, dass er zuerst keine Pflichten und somit auch kaum Rechte hat. Er verdient auch nicht so viel Aufmerksamkeit. Gebe ihm Zeit um anzukommen und lass ihn zuschauen, wie das Leben bei Dir funktioniert. Er wird sehr schnell an Deinem Althund ablesen können, was Du von Deinen Hunden erwartest und welche Regeln in eurer Familie herrschen.

Es tut mir immer in der Seele weh, wenn ich sehe, wie doch viele Menschen den neuen Hund ihrem Althund vorziehen. So ganz nach dem Motto: der ist jetzt neu und somit viel interessanter. Das ist einfach nur unfair und gemein seinem Althund gegenüber. Für mich sind die Hunde, die am längsten bei mir sind, immer die, die auch am längsten in meinem Herzen und somit auch am wichtigsten sind. Wir haben schon so viel miteinander erlebt, das hat uns so sehr zusammen geschweißt, dass kein anderer Hund solch eine Wichtigkeit bei mir erreichen kann, nur weil er neu oder ein süßer Welpe ist.

Zeig Deinem Althund, dass nichts, schon gar kein anderer Hund, euch auseinanderbringen kann, geschweige denn ihn ersetzen. Dass er für Dich die Nummer 1 auf Lebenszeit bleibt. Ein Hund, der das spürt, wird keine Konkurrenzgefühle, keine Rivalität dem anderen gegenüber entwickeln, da er sich Deiner so sicher sein kann. Der Neue wird euch im Idealfall sogar noch mehr zusammenschweißen, weil Du ihm zeigst, wie dankbar Du Deinem Althund für seine Hilfe bist, was den Neuen betrifft. Und der Neue, ganz besonders der Welpe, erkennt sofort, dass der Althund Dir wichtig ist und wird ihn daher auch mit mehr Respekt behandeln.

Unterstütze Deinen Althund, wenn er dem Neuen seine Grenzen zeigt. Er hat das Recht dazu. Wie oft bekomme ich es aber genau umgekehrt mit. Der Welpe nervt und der Althund, dieser weist ihn in seine Schranken und wird dafür sofort ausgeschimpft. Schließlich wollte das Baby doch nur spielen! Bah, das ist so gemein und unfair ihm gegenüber! Wie würdest Du Dich denn fühlen, wenn Dein Mann sich einen neuen Mitbewohner nach Hause nimmt, ihm erlauben würde, Dich zu nerven und dann noch gegen Dich geht, anstatt Dir zu helfen? Ich bin überzeugt, Dein Herz würde brechen und wenn Du noch Stolz in Dir hättest, würdest Du Deine Koffer packen und gehen, oder zumindest versuchen, den neuen Mitbewohner rauszuschmeißen. Hunde können das leider nicht, aber sie können lernen, den Neuzugang von Anfang an abzulehnen und sich mental immer mehr von Dir zurückzuziehen oder durch auftretendes Problemverhalten (Hilfeschrei!) verstärkt auf sich aufmerksam zu machen.

Natürlich sollst Du auch den Neuen in Dein Herz lassen – es ist doch groß genug! Aber Liebe wächst durch ein Miteinander, also kann er nie Deinen Althund ersetzen, nur irgendwann mal mitziehen!

Gib somit Deinem Althund die stärkere Aufmerksamkeit und hilf ihm den neuen Hund richtig zu erziehen. Wenn Du z.B. mit Deinem Althund schmust, zeige ruhig dem Neuen, dass er sich zurückhalten soll, aber wenn Du mit dem neuen Hund schmust, lasse immer Deinen Althund dazu kommen, falls er es möchte.

Mit der Zeit wird es vielleicht auch passieren, je nach Rasse oder auch Geschlecht, das der Neue mal in der Hierarchie über dem Althund stehen wird. Aber wenn Du beide auf diesem Weg liebevoll und klar begleitest, wird dieser Wechsel für beide Hunde ganz natürlich und entspannt vollzogen werden. Wichtig ist, dass Du es auch akzeptierst und es nicht unterbinden willst. Damit würdest Du wieder nur Unruhe in die Familie bringen. Es ist eine ganz natürliche Entwicklung, dass die Jüngeren oder Stärkeren irgendwann mal die Alten oder Schwachen »überholen« und somit auch das Sagen, die Verantwortung übernehmen. Ich habe es mit Shanti und Nala erlebt. Shanti und Simba waren die liebevollsten Eltern, die man sich nur vorstellen konnte. Aber nach nur einem halben Jahr überragte Nala Shanti haushoch. Man konnte deutlich merken, dass sie Shanti immer weniger für voll nahm. Sie liebte sie nach wie vor über alles, schmuste auch innig mit ihr, aber sie nahm ihre Korrekturen nicht mehr so an, wie von Simba. Simba musste sie nur anschauen und schon kuschte sie schwanzwedelnd. Somit mussten Simba und ich immer wieder Shanti helfen, damit sie sich auch bei Nala durchsetzten konnte. Nach einem Jahr fing Nala an auf Shanti ganz kurz aufzureiten und sie auch mal abzudrängen. Shanti akzeptierte es sofort und übergab Nala nun den höheren Rang. Natürlich half ich beiden bei diesem »Tausch« und sorgte dafür, dass es für beide Hunde stimmig war. So lieben sich beide nach wie vor von ganzem Herzen und helfen sich auch untereinander wo sie nur können, aber Shanti fühlt sich nicht mehr für Nala verantwortlich. Jetzt ist es genau umgekehrt. Nala beschützt Shanti und korrigiert sie auch mal und Shanti überlässt Nala die Arbeit und greift nur noch unterstützend ein.

Was auch noch eine Stolperfalle mit mehreren Hunden ist, ist dass wir Menschen immer vergleichen. Ganz schnell neigen wir dazu an jedem Hund nur das zu sehen, was wir entweder gut oder was wir schlecht finden. Diese Gefahr ist natürlich ganz besonders stark, wenn ich Hunde gleichen Geschlechts und gleicher Rasse habe. Aber wie ich schon ganz am Anfang im Buch geschrieben habe: lass es einfach! Vergleiche sind immer gemein und bringen nichts außer Frust. Willst Du denn ständig verglichen werden?

Gib doch einfach jedem Hund die Chance der allertollste, liebste, wunderbarste und genialste in Deinem Leben zu werden. Und solltest Du nun mal z.B. zwei Schäferhunde haben, dann kannst Du ja sagen, dass der eine, der absolut tollste 2-jährige und der andere, der absolut tollste 4-jährige Schäferhund ist. Jeder, absolut jeder ist einmalig und somit etwas ganz besonders! Und egal ob Du mich auslachst oder nicht, ich bin absolut davon überzeugt, dass die Hunde es ganz genau spüren, ob Du sie von ganzem Herzen liebst und genial findest und sie werden alles daran setzen, Dir zu beweisen, dass Du wirklich recht mit dieser Annahme hast.

Vor kurzem war ich bei einem Kunden, auch er hat 2 Hunde und zudem trauert er noch seinem verstorbenen Hund hinterher. Vor den Augen seines einen Hundes erklärt er mir, dass er eigentlich gar keine Bindung zu diesem Hund hat, ihn auch nicht so liebt, da der Hund ihn nervt. Das Problem war, dass es auch ein Rottweilerrüde war, wie der Verstorbene. Somit wurde er ständig mit seinem (angeblichen) Traumvorgänger verglichen. Eigentlich lehnte der Mensch diesen Hund komplett ab, da er solch eine übersteigerte Erwartungshaltung an den Hund hatte, dass es absolut unrealistisch war, dieser gerecht zu werden. Gleichzeitig beschwerte er sich aber, dass der Hund ihn nicht anblickt und draußen nur weg von ihm will. Wundert Dich das? Leider können Hunde keine Scheidung einreichen!

Am liebsten hätte ich diesen Hund mitgenommen. Denn weißt Du, was ich in diesem Hund gesehen habe? Ich sah einen Hund, der wunderbarer nicht sein konnte, mit Augen, die unendlich geduldig und aufmerksam zu mir aufblickten und der so gerne einem Menschen gefallen wollte. Draußen blieb er an meiner Seite und wurde groß und stark als er merkte, wie stolz ich auf ihn war. Aber das sah sein Mensch leider nicht. Er reagierte bloß genervt und eifersüchtig: »Ach nee, Frau Kuny, da sehen sie mal, wie undankbar der Hund ist, sie himmelt er gleich an und mich lässt er links liegen.«

Verstehst Du jetzt, warum mich meine Arbeit manchmal sehr traurig macht? Aber Gott sei Dank überwiegt die Freude und das Gefühl, wie wunderbar es doch ist, mit Menschen und Hunden zusammen arbeiten zu dürfen!

Ich persönlich finde es auch sehr wichtig, dass die Hunde lernen, alleine zu sein und das nicht immer alles gemeinsam gemacht werden muss. Also nehme von Anfang an auch mal nur einen Hund mit. Erstens zeigst Du so noch mehr Deine Führungsrolle, sie binden sich mehr an Dich als an den anderen Hund und zweitens fallen sie nicht in eine schwere Depression, wenn der andere stirbt. Abgesehen davon genießen es die Hunde total, Dich auch mal für sich alleine zu haben. Bei Shanti sehe ich es sehr deutlich: wenn Simba und Nala dabei sind, geht sie ein bisschen ihre eigenen Wege, aber wenn sie alleine bei mir ist, weicht sie mir kaum von der Seite und findet es genial, wenn sie mich bei der Arbeit unterstützen kann.

Betrachte es so, als ob Du mehrere Kinder hättest. Es ist gesund und wichtig, dass jedes Kind seine Mutter auch mal ganz alleine für sich hat. Ideal wäre es, wenn Du Dir einen Mehrhundehaushalt wie einen Familienbetrieb vorstellen würdest. In diesem Betrieb sollten natürlich alle Familienmitglieder freundlich, loyal, höflich und zufrieden sein und doch gibt es mehrere Aufgaben, unterschiedliche Stellen zu vergeben. Also wäre es sinnvoll, dass jeder eine Aufgabe bekommt, die ihm Spaß macht und die ihm liegt, in der er auch bestehen kann. Unlogisch wäre es, eine Stelle doppelt zu besetzen – das gibt nur Frust und fördert das Konkurrenzdenken. Abgesehen davon könnte der Familienbetrieb nicht so reibungslos funktionieren. Aber wenn jedes Familienmitglied die für ihn perfekte Stelle besetzt, sind alle zufrieden und es herrscht Harmonie!

Also entscheide Dich nicht einfach spontan nach Lust und Laune für einen Zweithund. Frage Dich immer aufrichtig, ob der Neue für Dich und den Rest auch tatsächlich eine Bereicherung, oder eher eine Belastung wäre. Es sollte selbstverständlich sein, dass unsere Verantwortung immer bei der bereits bestehenden Familie liegt. Die sollte immer an erster Stelle kommen. Aber wenn alle mit dem Neuzugang einverstanden sind und Du es meisterst, dass jeder sich weiterhin geborgen und auch sicher auf seinem symbolischen Platz fühlt, steht dem Glück nichts mehr im Weg!

Ich selbst finde es einfach nur wunderschön mehrere Hunde zu haben! Selbst jetzt, während ich diese Zeilen schreibe, einen dampfenden Kaffee vor mir, wunderschöne Musik im Hintergrund, liegen mir vier Hunde zu Füßen (davon sind zwei Gasthunde) und schnarchen zufrieden vor sich hin. Ja, so kann sich der Himmel auf Erden anfühlen und anhören! Ha! Ich könnte gerade selbst neidisch auf mich werden.

Kinder und Hunde

Das ist ein Thema, das mir ganz besonders am Herzen liegt. Ich selbst bin Mutter von einem mittlerweile erwachsenen Sohn und fand es wunderschön, dass er mit Hunden aufwachsen durfte. Das Leben mit Hunden hat ihn sehr positiv geprägt. Er ist sehr selbstbewusst geworden, empathisch, strahlt eine absolute Führungsenergie aus, übernimmt Verantwortung und ruht in sich. Selbst die schwierigsten Hunde reagieren sanft und freundlich auf ihn.

Seine erste Erfahrung mit meinen damaligen zwei Hunden war, als ich mit ihm von der Geburtsklinik nach Hause kam. Schon vorher war ihnen sein Geruch vertraut, da meine Mutter benutze Strampelanzüge von Julien mit nach Hause brachte und ihnen zum Riechen gab. Ich zog ihn fast nackt aus und hielt ihn meinen Hunden hin. Innig wurde er abgeleckt und somit auch gleich als Familienmitglied aufgenommen. Sie akzeptierten ihn sofort als meinen »Welpen«, der liebevoll behütet wurde – es war immer ein sehr beruhigendes Gefühl für mich, wenn Julien schlief und sich ein Hund neben ihn legte. Die Hunde (speziell Jacky, ein Riesenschnauzer/Neufundländermix) wurden seine besten Freunde, Seelentröster und Spielgefährten. Sie wurden mit T-Shirts und Perücken verkleidet und anfangs auch mal als Klettergerüst benutzt. Das Laufen lernte Julien, in dem er sich an Jacky festhielt und sich somit langsam von ihm führen lies.

Was sich so wundervoll anhört, war aber nur möglich, weil ich eine Führungspersönlichkeit für meine Hunde war, sie mir vertraut haben und auf mich hörten. Abgesehen davon war ich mir natürlich in jedem Augenblick meiner Verantwortung bewusst und konnte somit immer rechtzeitig eingreifen, wenn ich merkte, dass es den Hunden, oder meinem Sohn, zu viel wurde. Es gab vom ersten Moment klare Regeln, für alle! Die wichtigste Regel war für mich immer, dass das Kinderzimmer für meine Hunde tabu war. Sie durften es erst betreten, wenn mein Sohn oder ich sie dazu aufforderten. So konnte Julien seine Spielsachen rumliegen lassen, oder auch mit seinen Freunden spielen, ohne dass die Hunde versuchten mitzumischen.

Das kannst Du dem Hund recht schnell beibringen, in dem Du ihn sofort korrigierst, wenn er auch nur einen Schritt ins Zimmer macht. Falls er schon drinnen ist, gehst Du um ihn herum und schickst ihn wieder raus. Aufrechter, angespannter Körper und der Arm zeigt wie ein Pfeil in die Richtung, wo er hin soll. Hunde begreifen sehr schnell, wenn wir es ihnen so erklären, dass sie es verstehen. An der Türschwelle heißt es STOP! Ohne Ausnahme!

Die nächste Regel galt meinem Sohn und ich sorgte von Anfang an dafür, dass er sie auch zu 100% einhielt. Ich machte ihm klar, dass er sich ihnen nur nähern darf, wenn sie auch dazu bereit sind. Dazu ist es natürlich sehr wichtig, dass das Kleinkind nie alleine mit dem Hund ist. Und mit NIE meine ich auch NIE! Selbst wenn ich nur kurz ins Bad ging, nahm ich meinen Sohn mit oder stellte ihn in ein Laufgitter. Unterschätze bitte nie die Gefahr! Selbst ein sehr gutmütiger Hund kann ein Kind schwer verletzen, wenn er es z.B. nur umschubst. Das muss nicht einmal absichtlich geschehen, er dreht sich um und sieht das Kind hinter sich nicht.

Ein aggressionsbereiter Hund darf sich nur auf Abstand und mit Leine abgesichert in der Nähe eines Kindes aufhalten. Selbst wenn ich das Kind auf dem Arm habe kann ein Angriff so schnell passieren, dass das Kind überhaupt keine Chance hat. Also sei bitte immer sehr vorsichtig!

Sorge am Anfang dafür, dass Du wirklich immer dabei bist! Julien lernte sehr schnell, dass er sich den Hunden nur auffordernd nähern darf, wenn sie ihn freundlich dazu ermunterten, z.B. durch ein sanftes Wedeln, oder ein ihm entgegen kommen. Wenn er auf sie zuging und sie wendeten den Kopf von ihm ab, wurde er sofort von mir gebremst, denn die Hunde zeigten ihm eindeutig ein NEIN! Wenn sie aufstanden und weggingen, durfte er ihnen nicht folgen. Julien lernte, dass er immer einen Meter Abstand zwischen sich und den Hunden lies. Also wenn er sie streicheln wollte, setzte er sich ca. einen Meter entfernt von ihnen hin. Wenn sie mit ihm schmusen wollten, kamen sie sofort zu ihm, falls nicht, hieß es wieder NEIN! Schreiend auf die Hunde zu rennen war genauso tabu, wie an deren Ruten oder Ohren ziehen.

So lernte Julien vom ersten Moment an, das er den Individualbereich der Hunde zu respektieren hatte, nie deren Grenzen überschreiten durfte. Und die Hunde erkannten sofort, dass dieser kleine Mensch ihnen gegenüber höflich war und sie ihn somit nie korrigieren mussten. Sie wurden ihm gegenüber immer toleranter, da sie wussten, dass sie jederzeit das Recht hatten zu gehen und das »Spiel« zu beenden. Zudem lernten die Hunde, dass sie sich Julien nur in einer ruhigen Energie nähern durften. Wenn sie ungestüm oder aufgeregt waren, war seine Nähe für sie tabu. Vergiss nie, dass sich ein aufgeregter Hund nicht unter Kontrolle hat, somit lebensgefährlich für ein kleines Kind sein kann. Speziell, wenn es sich um so große und schwere Hunde handelt, wie ich sie immer habe. Ich möchte mir gar nicht vorstellen, was passieren kann, wenn ein 50 kg Hund ein Kleinkind anspringt!

Wenn Julien umherrannte oder später mit seinen Freunden umhertobte war es wiederrum für meine Hunde tabu mitzutoben. So lernten sie sehr schnell entspannt liegenzubleiben oder sich zurückzuziehen, wenn die Kinder außer Rand und Band waren. Sie erkannten, dass es nicht ihr Job war die Kinder zur Ruhe zu bringen. Das machen viele Hunde, indem sie den tobenden Kindern hinterherrennen und versuchen sie am Hosenbein oder am Handgelenk festzuhalten. Dieses Festhalten ist kein Mitspielen, sondern ein Korrigieren!

Ebenso durften sie nie etwas aus seiner Hand nehmen, außer wenn mein Sohn es ihnen freiwillig gab – was natürlich umgekehrt genauso für meinen Sohn galt. Auch wenn es vielleicht aus hygienischer Sicht nicht ideal war, war es schön zu sehen, wie ein Eis liebevoll geteilt wurde. Erst leckst du, dann ich!

Sämtliche Zerr- oder Hetzspiele waren ebenfalls absolut tabu! So lustig es vielleicht auch aussehen kann, wollte ich nie, dass die Gefahr bestand, dass sich Machtkämpfe entwickeln konnten. So verbanden Julien und meine Hunde von Anfang an die Nähe des Anderen mit einer ruhigen, entspannten und harmonischen Atmosphäre.

Du merkst wie wichtig Regeln in einem gesunden Familienverband sind. Wir Erwachsenen sind dafür verantwortlich, wie sich das Leben zwischen Kind und Hund entwickelt. Und eins kann ich Dir garantieren: es bedeutet Arbeit, Verantwortung und Achtsamkeit, um Harmonie und Freundschaft zwischen ihnen entstehen zu lassen. Aber die Mühe lohnt sich! Es ist einfach wunderschön, wenn sich Kind und Hund ineinander verlieben und Freunde fürs Leben werden. Doch wie oft werde ich gefragt, welche Hunderasse denn kinderlieb sei? Mal ganz im Ernst, gibt es eine blödere Frage? Das würde doch im Umkehrschluss bedeuten, dass es auch Hunderassen gibt, die Kinder nicht mögen. Und wer, bitte sehr, würde sich freiwillig einen Hund holen, der Kinder ablehnt? Denn selbst wenn man keine eigenen Kinder hat, die Welt ist, Gott sei Dank, voll davon! Ich finde es auch ausgesprochen unverantwortlich, wenn in Enzyklopädien manche Rassen als besonders kinderlieb hervorgehoben werden. Ganz nebenbei, ich hatte auch schon Golden Retriever oder Labradore als Kundenhunde, die sehr gefährlich im Umgang mit Kindern waren. Um einmal im Klartext zu reden:

> **Es gibt keine Rassen, die kinderlieb sind!!!**
> **Genauso wenig gibt es Rassen, die absolut nicht**
> **für Kinder geeignet sind!!!**

Diese Behauptung ist genauso so absurd, als wenn ich die Aussage treffen würde, dass alle Deutschen Kinder lieben! Du verstehst worauf ich hinaus will? Liebst Du denn Kinder? Sei bitte ehrlich! Also wenn Du mich fragst, würde ich auf diese Frage immer mit folgender Gegenfrage antworten: »Welches Kind meinst Du denn?« Es gibt Kinder, die könnte ich glatt adoptieren, andere sind mir relativ egal und manche, ich gebe es hiermit offen und ehrlich zu, finde ich einfach nur unmöglich! Ich kann Kinder nicht leiden, die unverschämt, verzogen und gemein sind. Und – Wunder oh Wunder! – genauso geht es auch Hunden! Es gibt keinen Hund, der alle Kinder toll findet, genauso wenig wie es Hunde gibt, die jedes Kind aus Prinzip ablehnen – zumindest habe ich noch keinen kennengelernt.

Und genauso wie wir Menschen unterscheiden, ob es unser eigenes oder ein fremdes Kind ist, unterscheiden auch die Hunde. Was bei dem »eigenen« Kind toleriert wird, kann bei einem fremden Kind schon ganz anders aussehen! Alle höher entwickelten Lebewesen (somit auch manche Menschen) machen ihre Zu- bzw., Abneigung davon abhängig, wie sich ihr Gegenüber verhält, ganz besonders ihnen gegenüber. Wenn uns jemand beschimpft oder respektlos behandelt, ist die Wahrscheinlichkeit relativ gering, dass wir ihn in unser Herz schließen. Umgekehrt fällt es uns sehr leicht jemanden zu mögen, der uns gut behandelt, bei dem wir uns wohlfühlen.

Also sorge dafür, dass sich das Kind dem Hund gegenüber höflich und respektvoll verhält und die Chance, dass der Hund dieses Kind lieben wird, ist supergroß! Aber wenn Du dem Kind erlaubst, den Hund zu piesacken, ihn ständig zu nerven, geschweige denn ihm wehzutun, brauchst Du Dich nicht wundern, wenn er irgendwann mal genug hat und dies auch unmissverständlich zeigt.

Vor kurzem war ich in einem Haushalt mit drei kleinen Kindern und einem pubertierenden Herdenschutzhund. Die Kinder kreischten und tobten durch die Wohnung und stolperten immer wieder über den liegenden Hund. Obwohl der Hund massive Drohgebärden zeigte wie fixierender Blick, Nase rümpfen, aufrechte angespannte Energie, reagierten die Eltern nicht. Ich habe natürlich sofort eingegriffen und musste mir dann anhören, dass die Kinder in der Hierarchie weit über dem Hund stehen würden und er es somit zu erdulden hat, dass sie sich ihm gegenüber so benehmen! Abgesehen davon liebe er ja die Kinder und müsste also wissen, dass sie es ja nicht böse meinen. So süß die Kinder im ruhigen Zustand vielleicht sind, nach 2 Stunden toben hätte ich sie am liebsten geschüttelt! Ich finde es nämlich auch nicht so klasse, wenn ich »liebevoll« mit Spielzeugautos beworfen, oder wild angesprungen werde und vor lauter Gekreische mein eigenes Wort nicht verstehe. Aber wie heißt es auch bei Kindern immer so schön: Die wollen doch nur spielen!

Egal wie eindringlich ich versucht habe den Eltern den Ernst der Lage zu erklären, bin ich auf taube Ohren gestoßen. Die Kinder kannten keine Grenzen und der Hund hatte gefälligst damit klarzukommen. Als dann noch der Vater andeutete, was dem Hund drohen würde, wenn er auch nur ansatzweise gegen eins der Kinder gehen würde, war ich komplett sprachlos. Und jeder, der mich kennt, weiß wie selten das bei mir vorkommt!

Natürlich sollte mein Kind für mich über dem Hund stehen (wie krank muss ein Elternteil sein, der es nicht so sieht!), aber gerade aus diesem Grund habe ich die Verantwortung und die Pflicht dafür zu sorgen, dass beide lernen miteinander gesund und somit auch sicher umzugehen. Sonst habe ich eine tickende Zeitbombe zuhause, die irgendwann mal aus reinem Selbstschutz explodieren wird. Und so weit darf es NIE kommen!

Jeder von uns hat eine unterschiedlich hohe Reizschwelle. Die Reizschwelle kann je nach Typ, Persönlichkeit und dem momentanen Empfinden komplett unterschiedlich sein. Im Idealfall ruhen wir so in uns, dass uns so leicht nichts aus der Fassung bringt. Dieser Idealzustand kann sich aber ändern, wenn wir in keiner guten gesundheitlichen oder mentalen Verfassung sind. Du kennst es doch bestimmt, wie überempfindlich Du bist, wenn Du z.B. Migräne hast. Genauso kann es auch einem Hund gehen. Normalerweise hat er eine sehr hohe Reizschwelle und die Kinder haben fast Narrenfreiheit bei ihm. Aber vielleicht hat er Schmerzen, ist müde, wird läufig (oder eine Nachbarhündin ist läufig) oder es ist Vollmond und plötzlich nervt ihn alles!

Also lerne immer hinzuschauen und wahrzunehmen! Akzeptiere es, das auch der Hund nicht immer gleich gut drauf sein muss. Vergiss bitte nie meine Aussage, dass ich von einem Hund nie mehr – besser immer wesentlich weniger – erwarten soll, als von mir selbst!

Generell gilt die Regel, dass eher pyknische (schwere, massive) Hunde eine höhere Reizschwelle haben, als leptosome (feingliedrige). Das soll bedeuten, ein massiver Neufundländer ruht aufgrund seiner Stärke und Schwere mehr in sich als ein eher feingliedriger belgischer Schäferhund. Aber durch meine Arbeit muss ich sagen, dass ich diese Regel nicht 100% bestätigen kann, obwohl sicher auch kein Quäntchen Wahrheit daran ist. Ich kenne sehr reizbare schwere Hunde und komplett in sich ruhende zarte, schmale Hunde. Das Einzige, was ich beobachten konnte, ist, dass leptosome Hunde oft einen höheren Stoffwechsel haben und daher mehr zu Nervosität (Hibbeligkeit) neigen, als sehr schwere Hunde. Aber bei richtiger Führung legt sich auch das! Welche Aussage ich aber zu 100% unterschreiben kann, ist:

Je entspannter der Hund, umso höher seine Reizschwelle! Je entspannter der Hund, umso besser geeignet für Kinder!

Mache Dir bitte klar, dass Kinder auf Hunde ganz anders wirken, als erwachsene Menschen. Kinder sind sehr viel natürlicher, dass bedeutet aber auch, dass sie sich körperlich und mental sehr viel weniger unter Kontrolle haben. Sie sind lauter, zappeliger, sprunghafter und schlechter einschätzbar. All das sind Verhaltensweisen, die Hunde verunsichern und somit auch stressen. Dann kommt hinzu, dass sie mit hoher Kopfstimme sprechen, somit keine mentale Stärke ausstrahlen. Ganz kleine Kinder urinieren auch in Windeln, riechen deshalb auch nach Urin und wie Du mittlerweile weißt, urinieren auch Welpen oder ängstliche Hunde, um ihre Verwundbarkeit/Unterwürfigkeit zu zeigen. Daher sieht ein Hund ein solches Kind auch immer als ihm unterlegen an, was zu Schwierigkeiten führen kann.

Ein Hund kann ein Kind lieben, es umsorgen und auch beschützen, er wird vielleicht auch Dressurstückchen auf Kommandos mit dem Kind ausüben, aber er wird es nie als Autorität anerkennen. Denn Führung setzt immer eine gesicherte Bindung voraus und ein Kind ist nie in der Lage, einem Hund Sicherheit zu vermitteln.

Wenn Du mich fragen würdest, wann der beste Zeitpunkt für einen Welpen ist, wäre meine Antwort immer, dass es besser ist damit zu warten, bis die Kinder mindestens 5 Jahre alt sind. Natürlich gibt es auch hier wieder die berühmten Ausnahmen, im Positiven wie im Negativen. Es gibt auch Kinder, bei denen ich von jedem Hund abraten würde, egal wie alt er ist!

Sehr oft werde ich in Haushalte gerufen, in denen es zwei Kleinkinder gibt, ein menschliches und ein hundisches. Das geht oft schief und nicht selten sind die Eltern mit der Situation heillos überfordert. Speziell die kleinen scharfen Welpenzähne können für ein Kleinkind gefährlich sein. Der Welpe sieht das Kleinkind oft als »seines Gleichen« an und es kann vorkommen, dass er dementsprechend wild mit ihm umgeht. Aber auch das Kleinkind kann sich unbeholfen und grob dem Welpen gegenüber verhalten.

Besser wäre es, wenn ein älterer, ruhigerer Hund an der Seite des Kleinkindes wäre, oder dass das Kind zumindest schon so alt ist, dass es sich an die Anweisungen der Eltern halten kann.

Wenn der Hund schon vor dem Kind ein Teil der Familie war musst Du Dir immer klarmachen, dass ein Baby nicht nur Dein, sondern auch das Leben Deines Hundes komplett verändert. Alles Neue, so schön es auch sein mag, bedeutet in erster Linie immer eine Veränderung, etwas Fremdes, was automatisch Stress mit sich bringt. Ideal wäre es, wenn Dein Hund schon vor der Geburt Deines Kindes mit fremden Säuglingen Kontakt hat. Fange an »Jagd« auf Mütter mit Babys zu machen und unterhalte Dich mit ihnen. Zeige Deinem Hund, wie normal diese kleinen Schreihälse sind und wie wohl Du Dich in ihrer Nähe fühlst, egal wie laut sie auch sind oder wie seltsam sie riechen ...

Schwierig wird es, wenn es Dein eigener Säugling ist und Du bei seinem Geschrei die Nerven verlierst. Das würde den Hund verunsichern und er würde das Kind mit Stress und Deinen schwachen

Nerven verknüpfen. Im schlimmsten Falle könnte er das Kind korrigieren um Dir zu helfen. Also hat es gewisse Vorteile, wenn Du erst mal tief durchatmest und versuchst nicht durchzudrehen. Zeige Deinem Hund, indem Du ihn wegschickst, dass Du seine Hilfe bei der Aufzucht Deines Kindes nicht benötigst – egal wie es auch für ihn aussehen mag. Auch aus diesem Grund finde ich es sehr wichtig, dass der Hund, noch bevor das Kind zur Welt gekommen ist, lernt, dass das Kinderzimmer absolut tabu ist.

Genieße die Zeit mit beiden gemeinsam. Wenn Du Dein Kind stillst oder mit ihm schmust, erlaube Deinem Hund einen engen Körperkontakt. Zeige ihm, dass er in dem Kind keinen Konkurrenten, sondern ein liebevolles Familienmitglied dazugewonnen hat. Du wirst erkennen, dass es so schön sein kann – für euch alle! Aber auch hier gilt immer die goldene Regel: Nähe, und ganz speziell Körperkontakt, wird nur erlaubt, wenn der Hund eine ruhige Energie ausstrahlt.

Ich finde es auch schön, wenn alle gemeinsam den Hund füttern. Dazu lasse ich die Familie sich jeder mit einem Butterbrot in der Hand auf den Boden setzen und nach jedem Bissen reißt dann jeder ein Stückchen ab und gibt es dem Hund – natürlich nur, wenn er einen freundlich fragt, das heißt einem in die Augen sieht. So etwas fördert den Zusammenhalt und zeigt: »Du gehörst dazu.«

Auch die Futterschüssel des Hundes kannst Du dazu benutzen, dass Dein Hund nur Gutes mit dem Kind verbindet. Aber Achtung! So was geht natürlich nur mit einem Hund, der 100% keinen Futterneid hat! Ideal ist die Übung auch mit einem Welpen. Ich gebe Futter in seine Schüssel und das Kind hat seine Hand ebenfalls in der Schüssel und der Hund frisst ihm somit aus der Hand. So lernt der Hund zu verstehen, dass ihm das Kind nichts wegnimmt, sondern es sich schön anfühlt, wenn ihm das Kind beim Fressen »hilft«.

Wenn Du Dir aber auch nur annähernd unsicher bist, was den Umgang Kind/Hund betrifft, zögere bitte nicht und hole Dir professionelle Hilfe. Aber achte darauf, dass der Hundetrainer nicht über einen Strafreiz mit dem Hund arbeitet. Das ist nicht nur eine Sauerei dem Hund gegenüber, sondern kann gründlich danebengehen. Der Hund darf nichts, aber auch wirklich nichts Negatives mit Deinem Kind verbinden. Positive Erlebnisse und Gefühle erhöhen dagegen die Wahrscheinlichkeit, dass er Dein Kind lieben wird.

Aggression bei Hunden

Für mich selbst gibt es keinen aggressiven Hund, nur Hunde, die je nach Situation ein aggressives Verhalten zeigen. Das ist für mich ein sehr großer Unterschied. So wenig, wie ein Mensch 24 Stunden am Tag aggressiv sein kann, kann es ein Hund. Die meisten Probleme entstehen, weil Menschen das Verhalten eines Hundes vollkommen falsch interpretieren und ganz schnell dazu neigen, einen Hund als aggressiv einzustufen.

Vorweg eine ganz wichtige Information, die Du ganz tief verinnerlichen solltest: Ein Hund, der knurrt, ist nicht zwangsläufig aggressiv. Ein Knurren heißt oft nichts anderes als »Nein!«

Wie schon erwähnt finde ich es wichtig, dass jeder Hund, wie auch jeder Mensch, ein gesundes Sozialverhalten lernt. Dazu gehört auch, je nach Situation mal nein sagen zu können und sich oder andere zu verteidigen.

Aggression an sich ist keine negative Eigenschaft. Je nach Kontext ist sie sogar überlebenswichtig. Wichtig ist nur, dass der Hund lernt, seine Aggression zu kontrollieren, seine Schärfe in die richtigen Bahnen zu lenken.

Aggressives Verhalten kann sehr schnell zu einem Ventil für Stress werden. Der Hund fängt an um sich zu beißen oder anzugreifen, wenn er sich überfordert fühlt. Leider oft mit durchschlagendem Erfolg, da er damit seinen Willen durchsetzen kann, außer, wenn er an einen Menschen gerät, der ihm mit noch größerer Aggression entgegentritt. Ein Alptraum! Denn so schraubt sich die Stressspirale immer höher und höher und auch die Angriffe und Brutalität steigern sich dementsprechend.

Aggression ist nicht heilbar! Sobald der Hund in massiven Stress gerät, fällt er automatisch in sein altes Verhaltensmuster, seine Gewohnheiten zurück. Also hör auf, ihn durch Unterordnung, irgendwelche Strafreize, »tollen« Hilfsmittel (wie Würgeketten, Stachelhalsbänder, Disk, mit Steinen gefüllte Dosen, Wasserpistolen, Leinenrücke o.ä.) und Leistungsdruck (z.B. Hundesport) noch mehr unter Stress zu setzen!

Auch hier gibt es wieder mal nur einen Weg, um aus einem aggressionsbereiten Hund einen freundlichen Hund zu »machen«. Ich wiederhole mich, bitte entschuldige, aber es ist nun mal die Wahrheit: Sorge dafür, dass sich der Hund entspannt, Dir vertraut, und er wird keinen Grund mehr haben aggressives Verhalten zu zeigen. Probiere es doch selbst mal ärgerlich zu werden, wenn Du Dich total wohlfühlst, Du vollkommen relax bist. Verdammt schwierig, oder? Was muss denn passieren, dass man sich aufregen kann? Alles in uns muss sich anspannen, wir müssen innerlich verhärten. Je entspannter wir sind, umso weniger haben wir Lust dazu und umso länger brauchen wir, um uns aufzuregen! Aggression hat immer mit Muskelanspannung, einem erhöhten Adrenalinspiegel und beschleunigtem Herzschlag zu tun. Emotionen müssen »kochen«!

Wir sehen es doch auch Menschen an, wenn sie unterschwellige Aggressionen innerlich mit sich herumschleppen. Sie wirken auch äußerlich verhärtet. Schau Dir mal die weichen, sanften Gesichtszüge eines Dalai Lama an. Das ist wahre innere Stärke!

Somit ist es das Wichtigste, dafür zu sorgen, dass der Hund relax ist. Natürlich ist es nicht immer möglich den Hund von jeglichem Stress fernzuhalten. Aber wenn wir es schaffen, ein würdevoller Anführer für unseren Hund zu sein, lernt er, sich bei Unsicherheit an uns zu wenden. Je mehr der Hund uns vertraut, je sicherer er sich an unserer Seite fühlt, umso souveräner wird er sich in einer Stresssituation verhalten.

> **Ein mental starker Hund wird sich nie unbeherrscht oder ohne Grund aggressiv zeigen!**

Wenn wir einen Hund mit aggressivem Verhalten haben ist es als erstes sehr wichtig, die Situation real und distanziert zu betrachten, die Lage ohne Emotionen zu deuten. Bei meinen Kunden sehe ich oft zwei Extreme: die einen weigern sich den Ernst der Lage zu erkennen, geben allen anderen die Schuld oder verniedlichen das Verhalten ihres Hundes und die anderen sehen eine lebensgefährliche Bestie in ihm, obwohl er nur mal klar und deutlich gezeigt hat, dass er in Ruhe gelassen werden möchte.

Beide Einstellungen bringen uns nicht weiter. Mache Dir klar, dass die meisten Hunde, welche ein nicht angemessenes, aggressives Verhalten zeigen, immer unglückliche Hunde sind. Somit brauchen sie unsere Hilfe!

Folgende Gründe gibt es für aggressives Verhalten:
Die häufigste Angstform ist die angstbedingte Aggression! Ca. 80% aller Angriffe von Hunden auf Menschen entstehen durch Angst. Sie fühlen sich bedroht, in die Enge getrieben und sehen keinen anderen Ausweg. Leider handelt es sich beim Angstbeißen oft um ein genetisch bedingtes Problem. Achte immer darauf, dass die Mutterhündin keine Angstaggression zeigt. Eine ängstliche, zutiefst verunsicherte Hündin vererbt diese Eigenschaft leider auch an ihre Kinder weiter. Untersuchungen haben ergeben, dass diese Aggressionsform leider auch nicht so stark davon abhängig sind, ob die Hunde eine gute oder schlechte Prägung bekommen. Ihr Nervenkostüm ist einfach instabiler. Aus solch einem Hund wird nie ein furchtloser Löwe. Und doch habe ich mit unzähligen Hunden dieses Typs zusammengearbeitet und die Hunde haben sich, dank ihrer Menschen, zu glücklichen und entspannten Hunden entwickelt. Sie blieben zwar vom Typus immer eher unsicher, haben aber gelernt, sich an der Seite ihres Menschen wohlzufühlen. Aber unabhängig davon sollten wir nie dubiose Züchter darin unterstützen, mit verängstigen und schwachen Hündinnen, die immer wieder als Gebärmaschinen benutzt werden, zu züchten, indem wir Welpen von ihnen kaufen.

Außer aus der genetischen Veranlagung kann sich Angstaggression auch aus folgenden Gründen entwickeln:

1. Durch mangelnde Sozialisierung/Erfahrungen. Der Hund leidet z.B. unter dem »Kasper-Hauser-Syndrom«, das heißt er konnte keine Erfahrungen mit anderen Hunden sammeln, wurde isoliert gehalten. Manchmal habe ich mit Hunden zu tun, die anscheinend gar nicht wissen, dass sie Hunde sind, oder sie haben z.B. noch nie Autos gesehen und drehen bei deren Anblick durch.

2. Der Angst-Auslösereiz hat sich in der Vergangenheit tatsächlich als sehr bedrohlich gezeigt: Mein Terriermädchen Kira wurde

früher immer von einem bärtigen Mann misshandelt. Daher reagierte sie immer panisch, wenn sie einen bärtigen Mann mit lauter Stimme sah. Aber nach einigen Monaten legte sich diese Angst vollkommen, da ich ihr Sicherheit vermittelt habe.

Es ist also möglich, dass auch ein sehr mutiger Hund, je nach Situation, eine Angstaggression zeigt!

Aggression gegen Artgenossen ist für viele Hundehalter ein großes Problem. Ich stelle hier jedoch immer wieder fest, dass es sich meistens einfach um ein unsoziales, pöbelndes Verhalten handelt. Die Hunde wurden nicht richtig sozial erzogen und haben somit nicht gelernt, wie sie sich anderen gegenüber verhalten sollen. Und so seltsam sich das jetzt für Dich anhören mag, die meisten Hunde übernehmen einfach nur das Verhalten ihrer Menschen. Viele Menschen bekommen beim Anblick eines fremden Hundes Panik oder aber sie fangen einen Streit mit dem anderen Hundehalter an. Alles in ihnen verspannt sich und dieses unangenehme Gefühl überträgt sich sofort auf den eigenen Hund.

Die meisten Hundehalter machen den Fehler, dass sie einen Hund automatisch für sozial halten. Aber kein Hund kommt sozial zur Welt, sondern nur mit der Option, sich zu einem sozialen Wesen zu entwickeln. Also bringe ihm dieses Verhalten bei und sorge dafür, dass er vorwiegend nur mit sozialen Hunden, die ihm als Vorbild dienen, Kontakt hat. Dann kannst Du auch mit ruhigem Gewissen irgendwann mal den Satz »ach die Regeln das schon untereinander« sagen!

Sehr viele Menschen ziehen sich, natürlich unbewusst, einen pöbelnden Hund heran. Stell Dir dazu bitte folgende Situation vor: Du bist ein süßes kleines Kind und mit Deiner Mutter unterwegs. Jedes Mal, wenn euch ein anderes Kind entgegenkommt, schreit Deine Mutter mit hoher Kopfstimme »komm sofort zu mir!« und kaum bist Du bei ihr, streichelt sie Dich hektisch, lobt Dich wieder mit quietschender Stimme und steckt Dir eine Praline in den Mund. Also ich möchte ja nicht vorausgreifen, aber ich bin zu 100% überzeugt, dass sich so kein Kind gesund entwickeln kann. Nach einigen Tagen würdest Du bei jedem Kind, das Du auch nur von weitem erblickst, anfangen unruhig zu werden.

Genauso verhalten sich viele Menschen, wenn ihnen ein anderer Hund entgegenkommt. Sie bekommen Angst, rufen ihren Hund zu sich, leinen ihn sofort an und überschütten ihn mit aktivem Lob. Aus Hundesicht zeigen wir ihm mit diesem Verhalten, dass wir panische Angst vor dem fremden Hund haben und ihn zu unserem Schutz an unserer Seite brauchen. Und dann wundern wir uns, wenn der Hund, spätestens wenn er erwachsen ist, auch diesen Job übernimmt.

Natürlich lasse ich meine Hunde auch nicht zu jedem fremden Hund laufen. Das ist einfach nicht immer möglich, z.B. wenn eine Straße in der Nähe ist. Da ich außerdem sehr große und auch mehrere Hunde habe, könnten sich die anderen Hundehalter unwohl fühlen. Abgesehen davon muss es auch nicht immer sein, dass sich alle Hunde begrüßen – mache ich ja auch nicht mit jedem Menschen, der mit entgegenkommt. Und sollte doch mal ein Hund von mir auf einen anderen Hund zulaufen, obwohl ich es ihm eigentlich untersagt habe, schreie ich nicht hysterisch hinterher, sondern gehe einfach ruhig hin und hole ihn ab.

Das Wichtigste ist, dass sich aber nichts in mir verändert, nur weil ich einen anderen Hund sehe. Ich ruhe in mir selbst und verändere mich nicht in meinem Verhalten. Und genau das ist die Lösung: bleibe genau so ruhig und relax wie immer. Dein ruhiges, stabiles Verhalten zeigt Deinem Hund, dass alles beim Alten ist, es gibt keinen Grund zur Sorge! Also starre den fremden Hund nicht an. Wirf ihm kurz einen Blick zu um zu signalisieren, dass Du ihn wahrgenommen hast und dann wende Deinen Blick und auch Deinen Körper wieder von ihm ab. Führe Deinen Hund an der abgewandten Seite an dem fremden Hund vorbei, so bist Du wie ein Puffer zwischen dem fremden Hund und Deinem.

Vergiss die Regelung, dass der Hund immer links geführt werden soll. Das mag für eine Prüfung wichtig sein, hat aber im realen Leben nichts verloren. Diese Regel stammt noch aus der Jagdhundeausbildung: Ein Jäger trägt sein Gewehr rechts und hat daher nur die linke Hand frei um seinen Hund zu führen! Also lass bitte Dein Gewehr zuhause und nimm den Hund immer an die Seite, die für ihn sicher ist!

Super ist es auch, wenn Du den aktiven Part übernimmst. Viele meiner Kunden haben sehr große Erfolge erzielt, indem sie angefangen haben, jeden Menschen, speziell jeden Hundehalter, der ihnen entgegenkommt, freundlich zu grüßen. Das hat gleich mehrere Vorteile: Erstens zeigst Du damit Deine Stärke, Du bist aktiv! Durch Deine freundliche gelassene Stimme signalisierst Du Deinem Hund, dass die Fremden keine Bedrohung für Dich (und somit auch ihn) darstellen; er wird Dich total bewundern und als Zusatzplus finden Dich die fremden Menschen gleich viel sympathischer. Dadurch können sie sich auch entspannen, was sich auch auf deren Hunde auswirkt.

Um zu verhindern, dass aggressives Verhalten gegenüber Artgenossen überhaupt entsteht, kannst Du auch etwas ganz besonders Tolles mit dem Anblick eines fremden Hundes verbinden. Das üben wir schon mit den Welpen bei uns. Kaum erblicken wir einen fremden Hund, brummt der Mensch ein bisschen glücklich vor sich hin und hat manchmal – Wunder oh Wunder – ganz zufällig eine tolle Beute auf dem Weg entdeckt (lass unbemerkt Futter auf den Boden fallen und zeige es dem Kleinen). Es ist einfach toll zu sehen, wie schnell die Hunde das verstehen und den Fokus sofort bei Dir haben, wenn sie einen fremden Hund sehen!

Nie, aber wirklich nie, gehe ich brutal vor, wenn ein Hund an der Leine einen anderen Hund attackieren will. Ich kann ihn korrigieren, indem ich ihn z.B. hinter mich nehme (auch mal über den Brustkorb nach hinten schiebe), ihm somit Raum nehme und damit zeige, dass es nicht sein Job ist. Oder ich schnalze und nehme ihn einfach aus der Situation raus. Denke immer daran, dass der Hund nur das angreifen will, was er auch sieht – mit dem Hintern kann kein Hund fletschen!

Mein Ziel ist, dass er fremde Hunde nicht mehr als Bedrohung sieht, sondern es akzeptiert, wenn sie in seine Nähe kommen. Also hilf ihm dabei. Sei stark und halte Dich aus Hundesicht nicht an ihm fest, indem Du wie wild an der Leine ziehst!

Fange an zu agieren, bewusste Entscheidungen für Deinen Hund zu fällen, damit er nur noch reagieren muss. Das bedeutet, dass Du mit Deiner Wahrnehmung / Deiner Aufmerksamkeit auch wirklich bei Deinem Hund bist, damit Du schnell eingreifen kannst.

Wie oft stellen mir fremde Menschen die Frage: »Rüde oder Hündin?« Lustig zu sehen, wie sie reagieren, wenn ich mit »Beides!« antworte. Und wie oft waren sie dann überrascht, als sie feststellten, dass sich ihr Rüde wunderbar mit Simba, oder ihre Hündin wunderbar mit

Nala verstand, obwohl beide ja das gleiche Geschlecht haben. Hunde sind uns Menschen da recht ähnlich. Wir machen normalerweise unsere Abneigungen auch nicht alleine vom Geschlecht abhängig. Es wäre ja auch zu seltsam, wenn ich auf jede Frau losgehen würde und dagegen jeden Mann toll fände.

Ich kenne genug Hündinnen, die sofort auch Rüden attackieren würden und natürlich auch Rüden, die gegen Hündinnen gehen. Eine gleichgeschlechtliche Aggression hat nur dann Bestand, wenn die beiden um etwas buhlen, z.B. um eine bestimmte Position im Familienverband oder zwei unkastrierte Rüden um eine läufige Hündin. Generell entwickelt sich Aggression oft durch Rivalität, Konkurrenz, Frust oder den Kampf um Ressourcen.

Wenn in einer Gruppe ein Hund eine Objektfixierung hat, kann es sehr schnell lebensgefährlich werden, wenn sich ein anderer Hund dem Objekt (Ball, Stock) seiner Begierde nähert. Auch Futterneid ist leider immer noch weit verbreitet.

Das Schlimmste, was wir gegen ein aggressives Verhalten machen können, ist mit Gewalt zu antworten. Gewalt kann nie Gewalt bekämpfen! Das ist genauso paradox, wie wenn Du Deinem Kind den Hintern versohlen würdest und dabei brüllst: »Wie oft habe ich Dir schon gesagt, dass Du Deine Schwester nicht hauen darfst!«

> **Nur Entspannung, Beruhigung und das Gefühl von Sicherheit bewirken einen Rückgang der Aggression.**

Alles, was dem Hund Angst, Schmerz, Unverständnis und Unsicherheit bereitet, verstärkt die Aggression. Gewalt, selbst subtile, und Druck verursachen immer noch mehr Gewalt, oder lassen den Hund daran zerbrechen. Beides ist absolut inakzeptabel! Das heißt natürlich nicht, dass ich ein aggressives Verhalten dulde. Wichtig ist als erstes zu erkennen, warum der Hund so reagiert, erst dann kann ich mich richtig verhalten. Aber es liegen Welten zwischen einem ruhigen, konsequentem Eingreifen und purer Gewalt.

Es geht hier auch nicht darum, dem Hund sein aggressives Verhalten zu verbieten, sondern ihm zu zeigen, dass es keinen Grund für dieses Verhalten gibt! Auch ein sehr territoriales Verhalten kann in Aggression umschlagen. Speziell Hunde mit einem Wachtrieb werden fremde

Menschen oder Hunde nicht ohne weiteres in ihrem Revier dulden. Diese Territorialaggression kann mehrere Ursachen haben, angstbedingt (eine vermeintliche Gefahr, wie z.B. die Müllabfuhr) oder auch frustbedingt (gut zu sehen bei Kettenhunden, die sich nur durch lautes, wütendes Gebell wehren können) sein. Am meisten erkenne ich sie aber bei Hunden, die sich für ihre Familie und auch für das Grundstück verantwortlich fühlen. Wenn Du der Anführer bist werden es Deine Hunde akzeptieren, dass jeder, dem Du es erlaubst, das Haus und das Grundstück betreten darf. Du triffst hier die Entscheidung! Wenn Du nicht zuhause bist, ist das Betreten aber für jeden Fremden tabu! Das ist gesund und richtig und macht einen Wachhund auch aus.

Ein gesunder Hund spürt sehr schnell, ob ein fremder Mensch sich korrekt verhält und welche Absichten er hat. Ein gesunder Wachhund kann sehr klar unterscheiden, hat ein natürliches Gespür dafür, welches Verhalten eines Menschen grenzüberschreitend ist und ebenso, ob es sich um eine echte Gefahr handelt oder nicht. Ein guter Wachhund attackiert nicht unkontrolliert, sondern warnt und verteidigt. Er ist ein Verteidiger und kein Angreifer. Das ist ein himmelweiter Unterschied. Ein stabiler gesunder Hund wird auch keine Unschuldigen attackieren, nur weil es ihm sein dummer Mensch befiehlt!

Es wird Dich sicher nicht überraschen wenn ich Dir sage, dass ich kein Fan von der Schutzhundeausbildung bin. Ich wünsche mir immer mehr soziale, weiche und freundliche Hunde und nicht Hunde, denen die natürliche Beißhemmung abtrainiert wird, damit sie gegen Menschen gehen, die keine echte Bedrohung darstellen. Für mich stellt auch ein Dieb keine echte Gefahr dar, selbst wenn er meine kostbare Handtasche stiehlt. Das wäre nie ein Grund oder eine Berechtigung für mich, einen Hund auf ihn loszuhetzen. Nur wenn ich wirklich körperlich bedroht und attackiert werde, finde ich es in Ordnung, wenn sich meine Hunde beschützend vor mich stellen. Wenn Du mit Deinem Hund in einer gesicherten Beziehung lebst, ist so ein Verhalten allerdings normal und muss ihm nicht extra antrainiert werden. Du würdest doch auch Deine Familie beschützen, ohne Wenn und Aber! Es ist wie bei den Musketieren. Einer für alle und alle für einen!

Immer wieder wird argumentiert, dass man durch den Schutzdienst die Aggression des Hundes besser steuern, kontrollieren kann. Von diesem Experiment kann ich Dir nur dringend abraten. Unabhängig davon, dass ich es seltsam finde einem Hund das Beißen beizubringen, kann hier eine sehr gefährliche Spirale in Gang gesetzt werden. Damit ein Hund zupackt, vor allem, wenn keine reelle Gefahr besteht, muss er aufgestachelt werden – also genau das Gegenteil von dem, was wir bezwecken wollen.

Es gibt nur einen Weg für mich eine Aggression zu kontrollieren: entspanne den Hund, bring seinen Stresspegel nach unten! Ein relaxter Hund hat überhaupt kein Bedürfnis jemanden anzugreifen, wenn es sich nicht um eine echte Notsituation handelt!

Für den einen oder anderen sehr stabilen Hund und souveränen Menschen mag die Schutzhundeausbildung sinnvoll und wichtig sein, z.B. berufsbedingt, aber auch hier gilt es für mich: ganz genau hinschauen und den gesunden Menschenverstand dabei nicht vergessen. Sicher gibt es auch in diesem Bereich Hundetrainer, die voller Verantwortung mit den Hunden arbeiten. Aber für eine Privatperson sehe ich überhaupt keine Notwendigkeit einer Schutzhundeausbildung! Dafür habe ich leider viel zu viel Schlimmes miterleben müssen, Leidtragende waren dann immer Unschuldige oder die Hunde selbst. Hier braucht es sehr viel Wissen, Führung und Verantwortung!

Kennst Du das Postbotenphänomen? Ganz viele Kundenhunde flippen (bzw. flippten) regelrecht aus, wenn der Postbote einmal klingelte! Das verstehen die wenigsten Menschen, da sie der Meinung sind, dass es der Hund mit der Zeit begreifen müsste, dass der Postbote fast täglich kommt. Aber jetzt versetz Dich bitte mal in den Hund hinein. Eines Tages kommt ein seltsamer Typ zu euch auf das Grundstück. Das passt Dir nicht und Du erklärst es ihm auch unmissverständlich. Mit Erfolg! Der Typ haut ab. Aber am nächsten Tag steht er wieder da! Du sagst ihm wieder, diesmal noch direkter, Deine Meinung und prompt steht er am nächsten Tag wieder da. Wie würdest Du Dich fühlen? Ich wette mir Dir, dass Du eine Mordswut gegen diesen Typen entwickelst. Außer wenn Du Buddhist oder ein wahrer Menschenfreund bist, dann würdest Du ihn wahrscheinlich bei Dir einziehen lassen, wenn Du ihn schon nicht loswirst. Aber soviel ich weiß sind die wenigsten Hunde Buddhisten. Also sorge vom ersten Tag an dafür, dass sich Dein Hund entweder in den Postboten verliebt oder ihn für vollkommen unwichtig hält. Führung ist auch hier wieder das Zauberwort!

Aggression kann sich auch unbeabsichtigt entwickeln. Das beste Beispiel dafür ist, wenn aus Spiel Ernst wird. Es ist ein spielerischer Machtkampf, der vorwiegend bei jüngeren Hunden stattfindet. Mal ist der Hund der Jäger, mal der Gejagte. Immer wieder werden kurze Pausen eingelegt (die Hunde »gefrieren« ein) um sich neu zu orientieren. Ganz schnell kann es passieren, dass der eine Hund nicht mehr weitertoben will, dies aber vom anderen nicht akzeptiert wird und das Spielen in ein Mobben umschlägt. Besonders gefährlich kann es werden, wenn mehrere Hunde mitmischen und sich so eine Gruppendynamik – alle auf den Schwachen – bildet. Deshalb greif ganz schnell ein, wenn Du merkst, dass ein Hund nicht mehr weitermachen will!

Wenn sich Dein Hund plötzlich, ohne sichtlich erkennbaren Grund, aggressiv verhält, kann auch ein gesundheitlicher Grund vorliegen. Wenn ein Hund Schmerzen hat wird er immer angespannter sein und je nach Typus auch dementsprechend heftiger reagieren. Es ist in so einem Fall immer wichtig, den Hund gründlich medizinisch untersuchen zu lassen.

Gründe für pathophysiologische Aggression sind z.B.:
HD oder ED (Hüft- oder Ellenbogendysplasie), Magenkrämpfe, Ohrinfektionen, Zahnschmerzen, Allergien, Tumore, Blindheit, Taubheit, Schilddrüsenüber- oder Unterfunktion, Wirbelsäulenverletzungen ...

Bei der idiopathischen Aggression tritt die Aggression sehr heftig und ohne vorherige Warnung auf. Sie kann sich gegen Menschen, Tiere, aber auch gegen Gegenstände richten. Vielleicht hast Du schon mal was von der Cocker-Wut gehört. Obwohl diese Aggressionsform immer noch umstritten und, wenn überhaupt, sehr schwer erkennbar ist, taucht sie vorwiegend bei roten Cocker- und Springerspanieln auf, ebenso bei Golden- Retrievern, Bernhardinern und blonden Hovewarts. Die Hunde attackieren ohne Vorwarnung und verhalten sich nach der Attacke so, als ob sie aus einer Trance aufwachen würden. Aber mach Dir keine Sorgen, falls Du einen Hund dieser Rasse haben solltest. Ich selbst habe es noch bei keinem meiner Kundenhunde erlebt und nur ein einziges Mal von solch einem Fall gehört!

Speziell sehr schmerzempfindliche Hunde reagieren schon bei der Erinnerung an einen Schmerz schneller und heftiger, als ein eher unempfindlicher Hund. Also bau von Anfang an Vertrauen mit Deinem Hund auf. Schon als Welpe sollte er lernen, dass auch mal ein kurzer Schmerz nichts Schlimmes ist. Fass ihn mal ein bisschen grob an, mitten im Streicheln. Untersuche seine Ohren, seinen Mund und er wird lernen, dass auch mal ein unangenehmes Gefühl notwendig, aber nicht schlimm ist.

Stress ist mit Abstand der größte Auslöser für ein aggressives Verhalten.
Kein Hund kann sich sicher fühlen, wenn sein Körper durch Stress in einem permanenten Alarmzustand ist. Sein Körper verbraucht wichtige Energieressourcen, darunter auch solche, die sich auf das gesamte Immunsystem auswirken. Wenn der Stress chronisch wird führt er zu einer erhöhten Schmerzempfindlichkeit, zu Schlafmangel (Du weißt ja, dass nur ein Hund, der Tiefschlafphasen hat, mental gesund sein kann), Störungen im Denkprozess, mangelnder Konzentration. Zudem ist der Hund nicht mehr in der Lage, Ereignisse richtig einzuschätzen und Situation als positiv und angenehm zu empfinden. Wenn er ein extrovertierter A-Typ ist, wird er seinen Stress durch nach außen gerichtete Aggression abzubauen versuchen. Wenn er ein introvertierter B-Typ ist, wird er eher auto-aggressiv reagieren und sich anfangen selbst zu verstümmeln oder depressiv werden.

Kein Hund kann souverän und gelassen reagieren, wenn er unter Strom (Stress) steht! Selbst positiver Stress (Eustress) wirkt sich mit der Zeit genauso schädlich aus, wie negativer Stress (Dystress). Für unseren Körper spielt es überhaupt keine Rolle, was ihn so in Unruhe versetzt. Natürlich empfinden wir es als angenehmer, Stress z.B. durch Verliebtsein zu haben als durch eine Kündigung und doch sind wir nicht mehr ganz Herr unserer Sinne, wenn wir verliebt sind. Wir vergessen zu essen, wälzen uns nachts schlaflos hin und her, fühlen uns mal himmelhochjauchzend, dann zu Tode betrübt (und das nur, weil der Typ seit 2 Stunden nicht angerufen hat) ... Die Natur weiß schon, warum die Verliebtheit irgendwann mal verschwinden muss – wir würden es sonst auf Dauer einfach nicht überleben!

Dauerstress ist immer schädlich!

Bei mir im Training gibt es eine Grundregel: Wenn es zwischen Hunden mal zu einem Konflikt gekommen ist, werden sie nie räumlich getrennt. Sie werden kontrolliert und, auch mit Hilfe meiner Hunde, so lange zusammengehalten, bis sie sich vollkommen entspannt haben und keinen Groll mehr gegeneinander hegen. Das kann bedeuten, dass wir über eine längere Zeit z.B. nebeneinander spazieren gehen. Erst wenn sie sich nicht mehr füreinander interessieren, trennen wir sie räumlich.

Üblicherweise kann ich ein ganz anderes Verhalten beobachten. Zwei Hunde gehen aufeinander los und die Besitzer fangen entweder an grob dagegen zu gehen, hysterisch zu schreien, oder sind vor Schreck wiegelähmt. Kaum hat man die Hunde getrennt, werden sie in die entgegengesetzte Richtung gezerrt. Das hat natürlich überhaupt keinen positiven Lerneffekt. Im Gegenteil, die Hunde nehmen den erhöhten Stresspegel mit nach Hause und beim nächsten Anblick des vermeintlichen Feindes flippen sie sofort aus oder lassen ihren Stress an jemand anderen aus. So schnell können sich Feindschaften aufbauen.

Wer von uns kennt das nicht: Der Chef macht uns blöd an, wir trauen uns nicht oder haben keine Möglichkeit, es mit ihm im Guten auszudiskutieren und lassen dann unseren Frust am Partner, den Kindern oder einer fremden Person aus. Das sollte eigentlich nie passieren, es ist unfair und gemein, aber wie ich immer wieder sage: wenn wir es schon selbst nicht immer meistern anständig mit anderen umzugehen, warum erwarten wir es dann von unseren Hunden?

Diese Machokämpfe kann man besonders oft zwischen zwei befreundeten Pubertierenden miterleben, die sich eigentlich nur in einem harmlosen Machtkampf messen wollen und die mitten drin getrennt und distanziert werden. So kommt keine gesunde Aussprache zustande und der Frust und das Unausgesprochene schlägt in Aggression um. Und die Menschen sind jedes Mal ganz fassungslos: »Ich verstehe das nicht, die waren doch von klein auf die besten Freunde«! Hast Du Dich denn noch nie mit Deinen Freunden gestritten? Ich kann nur aus Erfahrung sagen, dass sich manchmal aus einem (gesunden) Streit die schönsten Freundschaften entwickeln können. Selbst ich habe eine meiner besten Freudinnen so kennengelernt (gell, Susi?).

Ich sage meinen Kunden immer »der erste Eindruck mag wichtig sein, aber den letzten nehme ich mit nach Hause!« Also ist es unsere Aufgabe dafür zu sorgen, dass jedes Erlebnis für den Hund einen positiven Ausgang hat. So können selbst Hunde, die sich bis aufs Blut bekämpft haben, einen gesunden Umgang miteinander lernen, wenn wir ihnen helfen die Nähe des anderen so lange auszuhalten, bis keinerlei Spannung mehr vorhanden ist. Aber das geht natürlich nur, wenn am anderen Ende der Leine ein souveräner menschlicher Anführer steht, der alles, ganz besonders sich, im Griff hat!

Dafür bedarf es aber sehr viel innere Ruhe und Sicherheit des Menschen. Wenn Du Dich dazu nicht in der Lage fühlst, probiere insgesamt sehr leise und ruhig zu sein und wenn Du gehst, dann versuche es ruhig und gelassen zu tun. Nicht schnell und hektisch, das würde sich für den Hund wie eine Flucht anfühlen. Geh eher so, als ob Du eh vorhattest in eine andere Richtung zu gehen. Und so schwer es auch fällt, versuch Deine Emotionen unter Kontrolle zu haben und lass Dich nie, aber wirklich nie, auf ein Streitgespräch mit dem anderen Hundehalter ein. Erstes bringt es nichts wenn die Emotionen so hoch kochen und zweitens würde es Deinen Hund nur noch mehr anstacheln. Womöglich will er Dir helfen und den Menschen korrigieren. Versuche als gutes Beispiel voranzugehen. Also hab bitte die Einstellung »blass mir doch in die Tasch'«, ignorier' den Menschen oder sprich sehr ruhig mit ihm und sei in der Wahrnehmung bei Deinem Hund. Durch diese Ruhe kann sich auch Dein Hund schneller wieder beruhigen. Einer meiner Lieblingssätze lautet: wahre Größe zeigt sich durch unendlichen Sanftmut. Je gelassener und ruhiger Du bist, umso mehr wird sich der Hund an Deiner Seite entspannen können und umso mehr sieht er den Anführer in Dir.

Und ganz nebenbei wird sich diese innere Haltung auch positiv auf Dein gesamtes Leben auswirken. Ich erlebe es immer wieder, wie sich meine Kunden als Mensch wandeln und von ihren Mitmenschen ein ganz anderes Feedback erhalten. Wie sie plötzlich mit viel mehr Respekt und Achtung behandelt werden. Also sei gewarnt: das sind die Nebenwirkungen der »Shanti-Methode«!

Es gibt eine Regel, bei der ich sehr hart bin. Wenn der Hund seinen eigenen Menschen schwer verletzt hat, gehört er für mich raus aus der Familie. Die Betonung liegt auf schwer verletzt. Damit meine ich keine unangenehme Korrektur, kein Abwehrschnappen, kein »sich verteidigen müssen«, sondern einen ernsten Angriff, mit der Absicht zu verletzen. Hier wurde eine Grenze überschritten, die für mich nicht mehr reparabel ist. Es ist schrecklich vor dem eigenen Tier Angst zu haben – auch für den Hund selbst! Wenn so eine Grenze überschritten wurde, kann sich nie wieder ein 100%iges Vertrauen aufbauen lassen. Das heißt aber noch lange nicht, dass dieser Hund eingeschläfert werden muss. In den richtigen Händen kann er sich zu einem wunderbaren Hund entwickeln. Aber selbst diese traurigen Fälle gibt es, wo man eigentlich nicht anders handeln kann und den Hund gehen lassen muss. So wie es Menschen gibt, die auf keinerlei Therapie ansprechen, ist es auch bei manchen Tieren. Gott sei Dank ist das extrem selten.

Ich schätze mal vorsichtig, dass 97% aller Hunde mit einem Aggressionsproblem geholfen werden kann, wenn sie den richtigen Menschen an ihrer Seite haben. Ich habe die Empfehlung zur Einschläferung eines Hundes bisher nur zweimal ausgesprochen – bei hunderten von Hunden wirklich nicht viel und doch war es schier unerträglich für mich. Aber ich stehe dazu: für mich stehen Menschen über dem Tier und wenn ich nicht zu 99,9% gewährleisten kann, dass der Hund nie wieder einen Menschen schwer verletzt, ist es meine Pflicht auch diese Verantwortung zu übernehmen. Natürlich könnte er auch isoliert gehalten werden, aber ist das nicht noch viel grausamer? Ebenso wenn er schwere Schmerzen hat und nur noch unnötig leidet. Manchmal zeugt es von mehr Liebe ein Tier in Frieden gehen zu lassen, als aus purem Egoismus weiter an ihm zu hängen.

Speziell Männer reagieren oft ein bisschen skeptisch auf meine Aussage, dass wir unsere Hunde beschützen sollen, da sie diese Aufgabe eigentlich von ihrem eigenen Hund erwarten, speziell wenn es Wachhunde oder Schutzhunde sind. Ein Wachhund passt verstärkt auf sein Revier oder die Besitztümer seines Menschen auf. Sein Job ist es als Verteidiger zu fungieren und nicht als Angreifer. Er wird laut bellen oder knurren um Menschen von seinem Territorium fernzuhalten. Und nur, wenn sie eine bestimmte Grenze, trotz seiner Warnung, überschreiten, wird er auch körperlich gegen diese Menschen vorgehen. Bei einem Spaziergang ist das aber eindeutig nicht notwendig, außer er hält den Weg oder die Gegend für sein Revier.

Das ist auch der Grund, warum ich Hundehaltern mit sehr territorialen Hunden, wie z.B. Herdenschutzhunden, dringend davon abrate, Tag für den Tag immer denselben Weg zu gehen. Je mehr Abwechslung umso besser. Nicht nur, dass sich ein Hund sehr schnell langweilt wenn er jeden Grashalm persönlich mit Namen kennt, ich vermittle ihm unbewusst, dass alles ihm gehört, sein Revier ist. Dann brauchen wir uns auch nicht wundern, wenn er nach einiger Zeit anfängt entscheiden zu wollen, wer sich in seinem Revier aufhalten darf und für wen es tabu ist!

Wer kennt denn nicht die Aussage, dass ein Labrador einem Einbrecher noch wedelnd zur Hand gehen würde! Ein Retriever ist kein Wachhund (natürlich weiß das der Retriever nicht und somit gibt es auch hier wieder die berühmten Ausnahmen) und hat kaum territoriales Verhalten, somit gibt es für ihn keinen Anlass jemanden nicht in die Wohnung zu lassen. Sollte er eine Objektfixierung haben, darf der Einbrecher diesen einen Fetisch nicht anfassen, der Rest ist ihm egal. Bis jetzt habe ich sehr viele Hunde mit Objektfixierung kennengelernt, aber meistens war das Objekt der Begierde irgendein Hundespielzeug oder ein Stock. Ein Fernseher oder eine Stereoanlage, Schmuck, geschweige denn Geld, war noch nie dabei! Somit schaut er seelenruhig zu, wenn diese Gegenstände aus der Wohnung transportiert werden. Und wenn der Labrador noch den Charakter eines Sozialarbeiters hat hilft er natürlich auch beim Tragen – schließlich ist er ja ein Apportierhund!

Immer wieder spüre ich, wie so manch ein Hundehalter tief innen stolz auf seinen Hund ist, wenn er gefährlich wirkt. Sie fühlen sich durch diesen Hund aufgewertet und verwechseln auch hier wieder mal den Begriff Respekt mit Angst. Das eine hat aber mit dem anderen überhaupt nichts zu tun. Ich respektiere alle Menschen und Tiere; das bedeutet für mich, dass ich ihnen voller Wertschätzung entgegentrete, sie nicht verletzen möchte und es vermeide, ihre Grenzen zu überschreiten. Natürlich gelingt mir das nicht immer, da jedes Lebewesen anders tickt. Aber zumindest versuche ich es. Aber Angst bedeutet, dass ich mich vor dem Mensch oder Tier fürchte, daher seine Nähe meide und ihm nicht vertraue. Also ein himmelweiter Unterschied zum Respekt.

Abgesehen davon kann ich Dir garantieren, dass Dich Dein Hund verteidigen wird (zumindest soweit er von seinem Typus dazu in der Lage ist), wenn er Dich als Anführer sieht und in einer gesicherten Bindung mit Dir lebt. Gesicherte Bindung heißt nichts anderes, als das alle füreinander da sind und alles dran setzen sich zu beschützen. Also bedingungsloses Vertrauen und eine 100%ige Zusammengehörigkeit! Wenn Du ein Anführer bist (mittlerweile weißt Du genau was ich damit meine), bist Du wie ein König oder ein Elternteil, der seine Liebsten und die ihm Anvertrauten beschützt und dafür Sorge trägt, dass es ihnen an nichts fehlt. Und jetzt stell Dir einmal vor, dass sich der König in Lebensgefahr befindet. Ich schwöre Dir, jeder – bis zum letzten Bauern – würde ihn verteidigen! Denn das Wohlergehen aller hängt vom Leben des Königs ab!

Wie würdest Du reagieren, wenn jemand Deine Mutter, die immer für Dich da war, angreifen würde? Würdest Du ihr auf die Schulter klopfen und sagen »das machst Du schon« oder würdest Du Dich sofort beschützend vor sie stellen? Natürlich nur, wenn Du erwachsen bist und kein kleines Kind.

Ich habe übrigens schon ausgebildete Schutzhunde erlebt, die die Rute eingekniffen haben und abgehauen sind, als ihr Mensch mal verbal angefeindet wurde und das obwohl sie auf dem Platz gute Leistungen zeigen. Aber immer noch besser, als wenn sie diesen Menschen körperlich angegriffen hätten.

Aber frage Dich doch mal selbst, für wen Du Dein Leben riskieren würdest? Für jeden dahergelaufenen Depp, der Dich vielleicht sogar noch mies behandelt, oder für einen Menschen, der ALLES für Dich ist? Also sorge dafür, dass Dich Dein Hund nicht für einen Deppen hält.

Liebe macht mutig! Selbst meine zuckersüße Shanti stürzt sich dazwischen und versucht auf ihre unbeholfenen Art Nala und mir zu helfen, wenn wir es mit einem wirklich gefährlichen Hund zu tun haben. Aber das ist nicht ihr Job und deshalb wird sie, soweit wie möglich, von diesen Hunden ferngehalten.

Ein mental gesunder, ausgeglichener Hund wird nur bei echter Gefahr agieren und genau das ist für mich richtig und wünschenswert.

Für mich wäre es ein Alptraum Hunde zu haben, die jeden und alles als Bedrohung empfinden – unabhängig davon, ob es sich um Menschen, Tiere oder irgendwelche Fahrzeuge handelt. Ich wäre nicht stolz darauf, wenn mir fremde Menschen unsicher aus dem Weg gehen würden. Ich bin stolz darauf, dass ich fast jeden Tag aufs Neue mit fremden Menschen ins Gespräch komme und mich positiv mit ihnen austauschen kann.

Wir sollten uns bewusst sein, dass sich unsere Ängste, generell alle Emotionen, sofort auf unsere Hunde übertragen. Wenn Du bei jedem Menschen, der Dir nachts entgegenkommt ein komisches Gefühl bekommst, brauchst Du Dich nicht wundern, wenn auch Dein Hund eine Habacht-Haltung annimmt. Auch wenn Du es nicht bemerkst verändert sich Deine Körperhaltung wenn Du Angst hast, Dein Puls beschleunigt sich, Deine Pupillen erweitern sich und Deine Atmung wird flacher. Auch Deine Stimme wird sich in ihrer Tonlage, ihrer Melodie, verändern. Alles signalisiert Deinem Hund, dass sich euch eine Bedrohung nähert.

Ich werde ab und zu von Kunden gebucht, deren Hunde nachts extrem aggressiv oder sehr ängstlich reagieren. Dich wird es jetzt nicht überraschen, dass es ohne Ausnahme Kunden sind, die sich selbst nachts auch nicht sicher fühlen. Wenn diese dann einen sehr wachsamen Hund mit einem starken Schutztrieb haben, kann das katastrophale Folgen haben.

In der Nacht verstärken sich unsere Sinne, mit Ausnahme des Sehsinns, um mindestens das 10-fache (meiner Schätzung nach). Wir hören, fühlen und nehmen alles viel bewusster wahr, weil unser Sehsinn schwächer ist. Das ist völlig normal. Wenn einer unserer Sinne schwächer wird, konzentrieren wir uns automatisch mehr auf die anderen Sinne. Du brauchst Dich nur mit einem blinden Menschen unterhalten. Es ist mehr als faszinierend, wie intensiv er die Welt über den Geruchs- und Gehörsinn wahrnimmt. Er »sieht« oft viel mehr als die Sehenden! Mit unseren Sinnen verstärken sich auch die Aufmerksamkeit, der Jagdtrieb, die Angst und natürlich auch das Misstrauen. Das ist für mich auch der Grund, warum ich meine Hunde im Dunkeln vorwiegend an der Leine führe. So kann ich sie besser kontrollieren und verhindere auch, dass fremde Menschen einen Herzanfall bekommen, wenn plötzlich drei große Hunde vor ihnen auftauchen.

Lerne bitte Deine Ängste und Aggressionen unter Kontrolle zu halten, denk immer daran, dass Du das positive Vorbild für Deinen Hund sein solltest! Und falls Dein Hund mal ein aggressives Verhalten zeigt, bewerte es nicht über, sondern hilf ihm mit Ruhe und mentaler Stärke wieder daraus. Hab auch keine Hemmung ihn zu korrigieren, sei streng und klar und erklär ihm die Regeln.

Ich selbst bin zu meinen eigenen Hunden wesentlich strenger, als zu fremden. Liebevoll, aber sehr konsequent, vom Welpenalter an. Das erspart mir zwar nicht die schwierige Phase der Pubertät, aber wenn der Hund ausgereift ist, kennt er meine Regeln und hält sich zu mindestens 90 % (zumindest meistens) daran.

Hunde aus dem Tierheim

Ich bekomme es immer wieder mit, dass oft das Vorurteil herrscht, dass Hunde aus zweiter Hand nur Probleme machen und nichts taugen. Bevor ich angefangen habe professionell mit Hunden zu arbeiten und daher auch bestimmte Hundetypen brauchte, hatte ich Hunde, die sonst keiner haben wollte oder die ich gefunden habe. Und Du kannst mir glauben, alle waren wunderbar und ich habe sie von Herzen geliebt!

Jeder Hund ist fähig die besten Eigenschaften zu entwickeln, wenn wir richtig und aufmerksam mit ihm umgehen und er uns vertrauen kann. Seine Vergangenheit spielt da eine untergeordnete Rolle. Ein Hund lebt nämlich sehr viel bewusster im Hier und Jetzt als jeder Mensch! Ich kann es zwar nicht mit 100%iger Sicherheit behaupten, bin mir aber doch recht sicher, dass er nicht gedanklich mit seiner Vergangenheit hadert, wie wir Menschen es oftmals tun. Für einen Hund zählt einzig und alleine die Gegenwart.

Natürlich hat ihn auch seine Vergangenheit geprägt, aber wie Du jetzt weißt, hängt es in erster Linie von seinem Stresspegel ab, wie sich ein Hund in einer Situation verhält. Und genauso wie wir Menschen ein anderes Verhalten lernen können, kann es auch ein Hund. Im Schnitt braucht es ca. einen Monat, bis sich eine Angewohnheit anfängt zu festigen und ein halbes Jahr, bis sie sich tief in uns zu einem Programm verankert.

Wenn ich für meine Arbeit nicht gezielt Hunde mit bestimmten Eigenschaften bräuchte, würde ich meine Hunde über den Tierschutz holen – dort gibt es unzählige wunderbare Hunde, die dringend ein Zuhause suchen! Natürlich hat jeder von ihnen seine Geschichte, so wie wir auch, aber wir haben es in der Hand, dass sie ein Happy End hat! Ich finde es nur wichtig, dass Du Dich von der Geschichte der Hunde emotional nicht zu sehr beeinflussen lässt. Gerade wir Frauen neigen sehr dazu, aus Mitleid zu zerfließen und alle retten zu wollen. Das ist nicht nur unmöglich, sondern geht auch total daneben, denn die Hunde brauchen niemanden, der aus Mitleid eine schwache Energie ausstrahlt, sondern jemanden mit der Ausstrahlung »Schön, dass Du jetzt bei mir bist, wir werden eine tolle Zeit miteinander haben!«

Hunde sind recht pragmatisch veranlagt. Wenn sie einen tollen Anführer an ihrer Seite haben, können sie sich entspannen und sich dadurch immer mehr von ihrer besten Seite zeigen. Falls das nicht der Fall ist, wird sich jeder Hund früher oder später zu einem Problemhund entwickeln, unabhängig davon welchen Start er ins Leben hatte!

So schwer es für uns auch sein mag, Hunde im Tierheim zu sehen, so sollten wir uns doch klarmachen, dass es diesen Hunden immer noch wesentlich besser geht, als unzähligen anderen. Ein Hund im Tierheim kann oftmals sehr viel glücklicher sein, als ein Hund, der in einem Traumhaus lebt. Also kein falsches Mitleid! Lass Dich von Deinem Herzen und von Deinem Verstand leiten, hör genau hin was man Dir über den Hund sagt, aber bilde Dir Deine eigene Meinung. Auch wenn es jetzt gemein klingt, aber nicht jeder, der mit Hunden arbeitet, hat auch wirklich Ahnung von ihnen! Und nicht alle Aussagen über die Hunde müssen wahr sein. Das ist leider eine traurige Wahrheit, wie ich immer wieder mitbekomme. Also überlass niemandem die Verantwortung und entscheide selbst mit Hilfe Deines gesunden Menschenverstandes und eventuell der eines Menschen, der sich wirklich mit Hunden auskennt! Mach Dir klar, dass es immer Arbeit bedeutet, einen Hund zu sich nach Hause zu holen, unabhängig davon, ob es ein Welpe vom Züchter ist, oder ein erwachsener Hund aus dem Tierheim. Du wirst nie einen perfekten Hund bekommen, egal wo Du auch nach ihm suchst. Eine Beziehung muss sich immer aufbauen und somit kommst Du nie um Beziehungsarbeit herum. Für mich sind 2 Jahre eine realistische Zeit um wirklich bedingungslos zusammenzuwachsen. Und zwar 2 Jahre vom ersten gemeinsamen Kontakt an!

Wenn Du Geld sparen willst und nur deshalb einen Hund vom Tierschutz holst, bist Du auf dem falschen Weg! Du wirst auch in ihn Geld investieren müssen. Der einzige Unterschied besteht in den Anschaffungskosten. Tierarzt, Training, Futter sind jedoch immer gleich – je nachdem, wie es dem Hund geht, kann es aber noch wesentlich mehr werden. Ich habe oft mit Tierschutzhunden zu tun, die so traumatisiert und auch körperlich krank sind, dass sie eine sehr intensive Betreuung benötigen, das kann sehr teuer werden! Also gibt es für mich nur einen Grund, sich einen Hund vom Tierschutz zu holen: Du hast viel Zeit, Liebe, Geduld und ein riesengroßes Herz um einem wunderbaren Hund ein neues, schöneres Leben an Deiner Seite zu ermöglichen. Beachte aber bitte folgendes, wenn Du Dich zu diesem Schritt entscheidest: Ein Hund im Tierheim zeigt nur sein Verhalten in dieser, ihm bekannten Situation. Zuhause bei Dir kann er vollkommen anders sein. Es ist vergleichbar mit Kindern, die im Heim leben; sie müssen sich dort ganz anders zusammenraufen und den anderen anpassen.

Ein Tierheim kann nie die Realität eines Zuhauses wiedergeben. Versuch daher so oft wie möglich alleine mit dem Hund unterwegs zu sein und das möglichst auch weiter weg vom Tierheim. Ideal wäre es, wenn Du ihn auch mal mit dem Auto mitnehmen könntest, oder sogar auch mal mit zu Dir nach Hause. Und selbst in diesem Idealfall würdest Du doch nur einen winzig kleinen Teil seiner Persönlichkeit kennenlernen. Hör auch hier auf Dein Gefühl. Du wirst recht schnell spüren, ob ihr beide füreinander bestimmt seid. Perfekt wäre es, wenn Du jemanden mit einem sehr sozialen (aber bitte auch korrigierenden) erwachsenen Hund kennen würdest und er Dich begleiten würde. Der erwachsene Hund wird Dir sehr schnell zeigen, wie Dein neuer Hund tatsächlich ist. Und so brutal es jetzt auch klingen mag. Entscheide Dich nie aus Mitleid für einen Hund. Mitleid ist immer ein schlechter Ratgeber. Abgesehen davon hat das der Hund auch nicht verdient- oder willst Du nur aus Mitleid geheiratet werden?

Schau mit ihm gemeinsam nach vorne und freue Dich auf die tolle Zukunft, die euch beide erwartet! Eine Zukunft, die Du bereit bist mit ihm gemeinsam jetzt in der Gegenwart zu erarbeiten – das ist die richtige Einstellung! Und auch wenn es jetzt seltsam klingt, rechne damit, dass es ein langer und steiniger Weg werden wird – umso positiver wirst Du überrascht sein, wenn der Weg kürzer und leichter ist! Und glaube mir, es lohnt sich!

Wenn er dann zu Dir nach Hause kommt, halte Dich vom ersten Moment an die »Shanti-Regeln« und sei bitte sehr liebevoll, aber auch streng. Vergiss nie, dass gesunde Grenzen lebenswichtig für einen Hund sind, nur in ihnen kann er sich sicher entwickeln. Er braucht einen Menschen, der ihn behütet und dazu gehört auch, dass der Mensch die Verantwortung trägt und somit auch die Entscheidungen fällt.

Das Schlimmste überhaupt wäre die Einstellung, dass Du all das Leid, das ihm fremde Menschen zugefügt haben, wiedergutmachen willst, indem Du ihm Narrenfreiheit gewährst. Ruckzuck hättest Du einen Problemhund an Deiner Seite, der schwere Verhaltensauffälligkeiten zeigt.

> **Jemanden lieben und beschützen heißt Grenzen zu setzen und somit auch streng zu sein!**

Und noch etwas solltest Du Dir klarmachen: Kein Hund ist dankbar! Wenn Du einen Hund vom Tierschutz holst, um Dich als Retter zu fühlen und erwartest, dass Dir der Hund jeden Tag aufs Neue dankbar ist, dass Du ihn aus dem Zwinger (oder der Tötungsstation) befreit hast, lass es bitte bleiben. Wie schon erwähnt lebt der Hund in der Gegenwart. Ich denke auch nicht, dass er sich bewusst ist, was überhaupt eine Tötungsstation ist, oder sich jeden Tag Gedanken über das Tierheim macht. Es ist davon abgesehen auch nicht seine Aufgabe uns gegenüber dankbar zu sein. Schließlich hat er Dich ja nicht gebeten, dass Du ihn zu Dir holst. Wenn Du diese Einstellung hast, kann ich Dir jetzt schon garantieren, dass eure Beziehung nicht glücklich sein wird. Du wirst Dich enttäuscht, betrogen fühlen, spätestens, wenn Dir der Hund zum ersten Mal seinen Hundefinger zeigt. Hunde schulden uns genauso wenig Dankbarkeit wie unsere Kinder. Wir haben uns für sie entschieden und somit liegt es an uns alles daranzusetzen, dass sie sich gesund und glücklich an unserer Seite entwickeln!

Ich bin unendlich dankbar für meinen Sohn und für meine Hunde, sie sind eine große Bereicherung in meinem Leben, selbst wenn ich sie manchmal an die Wand batschen könnte.

Lass Dich bitte auch nicht von der Optik täuschen. Gerade Mischlinge ähneln in ihrer Optik häufig nur einem Elternteil, während sie aber die Eigenschaften des anderen Elternteils in sich tragen. Einige Rassen (z.B. Eurasier, Goldendoodle oder auch Landseer) stammen auch aus mehreren Rassen, die bewusst gekreuzt wurden. Viele Landseer sehen wie schwarz/weiße Neufundländer aus, haben aber die typischen Eigenschaften eines Pyrenäenberghundes, eines Herdenschutzhundes. Wenn man das nicht weiß, kann man ganz schnell sein schwarz/weißes Wunder erleben! Jacky beispielsweise sah ungeschoren wie ein Neufundländer aus, hatte aber eindeutig das Wesen eines Riesenschnauzers. Nur die Wasserleidenschaft war eindeutig vom Neufundländer. Also merke dir: Nur weil ein Hund wie ein Labrador aussieht, heißt es noch lange nicht, dass in ihm auch ein Labrador drin steckt! Vielleicht kommt er mehr nach seinem Vater, der ein Berner-Sennenhund ist und pfeift somit auf Apportierarbeit und Deine Dressur! Natürlich kann ein Mischling auch alle Qualitäten beider Eltern in sich tragen, eine perfekte Mischung aus Vater und Mutter sein. Wenn Du/er Glück ha(s)t, sind es nur die für Dich positiven Eigenschaften!

Das ist leider auch der Grund, warum ich persönlich für meine Arbeit auf Rassehunde angewiesen bin, ich brauche Hunde mit gewissen rassespezifischen Eigenschaften. Sie müssen eine hohe Eigenständigkeit, Furchtlosigkeit und eine gesunde Schärfe mitbringen. Zudem müssen sie vom ersten Moment an richtig geprägt werden, ganz besonders auch auf Kinder, weshalb ich mit der Erziehung am besten beim Welpen anfange.

Leider kennt man von Mischlingen meistens nur die Mutter und bei einem Tierschutzhund meist nicht seine Vorgeschichte, sodass man nicht weiß, wie er geprägt wurde. Für einen wunderbaren Familienhund spielt das auch weniger eine Rolle, aber ich habe Hunde, auf die ich mich bei meiner Arbeit mental verlassen können muss und somit muss ich diesen sicheren Weg gehen. Abgesehen davon kann ich auf diese Weise, gemeinsam mit meinen Hunden, viel mehr Hunden helfen und nicht nur einzelnen, die ich bei mir aufnehme.

Also wage es auch einmal einem Hund mit einer Vergangenheit eine Chance zu geben. Wenn Du mit der richtigen Einstellung darangehst und keine unrealistischen Erwartungen hast, kannst Du mit einem absoluten Traumhund belohnt werden. Aber sei Dir immer darüber im Klaren, dass wir uns diesen Traum selbst erschaffen müssen! Es geht darum, dass Du Dir nichts vormachst und deutlich erkennst, wo der Hund Deine Unterstützung braucht. Halte ihn nicht im alten Verhaltensmuster fest, sondern biete ihm Deine Hilfe an um ihn da rauszuhelfen. Lasse euch beiden so viel Zeit, wie ihr braucht, überfordere weder Dich noch ihn und erkenne auch an, was unveränderlich ist und akzeptiere es dann. Wir alle haben unsere Macken.

Ich habe mir angewöhnt sie »Spezial Effects« zu nennen. Nicht nur, dass es sich freundlicher anhört, es zeigt wie einmalig jeder von uns ist. Und das ist auch gut so! Eine meiner Lieblingsaussagen lautet: »Sei Du selbst, die anderen gibt es schon!« Und genau dieses Recht gestehe ich auch Hunden zu. Sei für ihn da und signalisiere ihm in jedem Moment, dass er sich auf Dich verlassen kann. Erwarte nur wenig und Du wirst überrascht sein, wie viel er Dir gerne und freiwillig geben wird!

Wenn Du in der Stadt lebst, würde ich Dir dringend davon abraten, einen Hund bei Dir aufzunehmen, der nur die Natur kennt und noch nie in einer Wohnung gelebt hat. Bei aller Liebe achte darauf, dass Du dem Hund keinen extremen Kulturschock zumutest. Ich hatte selbst mal einen Fall, bei dem der Hund Wochen gebraucht hat, um die Wohnung zu verlassen. Er kannte nichts und alles hat ihn in regelrechte Panik versetzt. Ganz langsam haben wir ihn aufgebaut und heute ist er ein glücklicher Hund, der selbstbewusst durch die Stadt rennt und sein Leben genießt – aber es war ein langer, steiniger Weg, dem nicht jeder Mensch gewachsen wäre.

Ganz besonders seltsam finde ich die Vorstellung mir einen Hund auszusuchen, den ich nur von einem Foto her kenne. Klar gibt es auch hier Erfolgsgeschichten, aber wer, bitte sehr, würde auf die Idee kommen, sich seinen Partner aus einem Katalog auszusuchen? Obwohl, wenn ich so darüber nachdenke gibt es genug Menschen, die genau das machen. Aber ob das wirklich das Wahre ist? Wohl eher eine Ware! Und wie schnell wird die schöne Optik nicht mehr wahrgenommen, wenn das zwischenmenschliche nicht stimmt! Und was das Thema Dankbarkeit betrifft …

Ich persönlich muss die Energie des Hundes, sein Wesen spüren, um zu merken, dass wir zusammengehören. Ich muss in seine Augen sehen können und ihn, seinen wahren Kern, darin erkennen. Und ich muss von ihm spüren, dass er bei mir sein möchte. Nie würde ich einen Hund zu mir nehmen, der mir nicht deutlich zeigt, dass er auch tatsächlich bei mir sein möchte. Die Optik spielt da weniger eine Rolle. Ich kenne bildschöne Hunde, die ich nie haben wollen würde und andere, die, sorry, wie räudige Straßenköter aussehen und ich bin nach ein paar Minuten hin und weg, weil sie mich so faszinieren.

Kennst Du die Aussage: Der ist so hässlich, dass er wieder schön ist? Alles was wir mit Liebe betrachten, empfinden wir als schön!

Nebenbei gesagt faszinieren mich nicht unbedingt die Hunde, die es mir leicht machen.

Ich liebe Hunde, die mich fordern, denn nur die fördern mich! Ich liebe es zu sehen, wie wir täglich immer mehr zusammenwachsen. Wenn sich Dir so ein einzigartiger, nicht einfacher Hund bedingungslos anvertraut – wow, das hat was!

Es ist eine unglaubliche Chance für uns Menschen, uns mit Hilfe eines Hundes weiterzuentwickeln. Keine andere Erfahrung hat mich so reifen und stark werden lassen, wie die Erfahrung Mutter und Hundefrau zu sein!

Der ängstliche Hund

In diesem Kapitel geht es um das Thema Angst. Im fachlichen Kontext unterscheidet man zwischen Angst und Furcht. Furcht bezieht sich dabei immer auf etwas Bestimmtes (z.B. Spinnen, Radfahrer, ...). Die gesteigerte Form der Furcht ist eine Phobie.

Bei Angst handelt es sich immer um etwas »nicht Greifbares«, wie z.B. Gewitter oder gewisse Gerüche. Eine extreme Angst kann in eine Panik umkippen. Es ist nicht immer einfach, Angst von Furcht zu unterscheiden, zumal eine Phobie auch in eine Panik umschlagen kann. Daher verwende ich in diesem Kapitel der Einfachheit halber verallgemeinert den Begriff »Angst«, auch wenn es sich fachlich korrekt um eine Furcht handelt.

Jeder Hund kann, je nach Kontext, Angst haben. Nur wird es jeder Hund seinem Typus entsprechend anders zeigen. Es ist wieder mal das Gleiche wie bei uns Menschen. Der eine macht sich sprichwörtlich vor Angst in die Hose, der andere zuckt nicht mal mit der Wimper, obwohl sein Herz vor Angst rast. Manche Menschen flippen beim Anblick einer Maus schier aus, aber lieben nichts mehr als Fallschirmspringen. Andere schmusen mit Ratten und trauen sich nicht auf einen Balkon. Also mache Dich bitte nie lustig über jemanden, der Angst zeigt, egal ob es ein Mensch oder ein Tier ist. Jeder lebt in seiner eigenen Welt und nimmt sie somit auch anders wahr. Vielleicht ist der Mensch oder der Hund, den Du heute lachend als Angsthase abstempelst so tapfer, dass er Dich in ernsthafter Gefahr unter Einsatz seines Lebens verteidigen würde.

Bei Angst spielt die mentale Stärke eine primäre Rolle. Der eine wird von seinen Emotionen beherrscht, fühlt sich ihnen hilflos ausgeliefert, der andere hat seine Gefühle dagegen unter Kontrolle. Das ist tatsächlich etwas, was wir Menschen lernen können und wie ich persönlich auch finde, dringend sollten.

Jeder Hund kann mit unserer Hilfe stärker und selbstbewusster werden und dadurch lernen besser mit seinen Ängsten umzugehen.

Angst ist je nach Situation genauso wichtig und lebenswichtig für uns, wie Aggression. Also verteufle sie nicht, sondern lerne gesund mit ihr umzugehen! Leider bestärken wir unsere Hunde oft unbewusst in ihren Ängsten, statt ihnen dabei zu helfen sie zu überwinden. Ich erlebe es sogar immer wieder, dass so manch ein Kunde sehr unsicher darauf reagiert, wenn ich ihm sage, dass ich mir wünsche, dass sein Hund sehr stark wird. Anscheinend verbinden immer noch viele mit dem Wort Stärke oder Dominanz etwas sehr Negatives. Aber dem ist nicht so! Wahre Stärke und Dominanz ist für mich etwas sehr Positives. Denke immer daran, echte Stärke duldet auch andere Stärke neben sich, hat sogar das Bedürfnis danach. Nur Schwächlinge haben vor wahrer Stärke Angst und versuchen deshalb alle anderen durch Druck oder Gewalt kleinzuhalten. Ich habe viel mehr Angst vor schwachen unsicheren Menschen und Hunden, denn die sind unberechenbar! Und alles, was unberechenbar ist, kann in die eine oder die andere Richtung umschlagen: Kampf oder Flucht!

Sollte Dein Hund Angst zeigen, hilf ihm, indem Du Dich mit ihm seiner Angst stellst. Wir können unsere Angst nur bezwingen, wenn wir uns ihr stellen, durch sie hindurchgehen und erkennen, dass wir es gemeistert, wir überlebt haben. Kennst Du nicht auch dieses unbändige Gefühl von Stolz, wenn Du etwas geschafft hast, was Dich sonst regelrecht in Panik versetzt hat? Ich selbst habe es vor kurzem erlebt. Eigentlich bin ich kein ängstlicher Mensch, aber Schlangen waren für mich immer der pure Alptraum. Sie haben mich von klein auf in allen erdenklichen Horrorvorstellungen und Träumen begleitet und alleine die Vorstellung auch nur eine in meiner Nähe zu wissen erzeugte ein Grauen in mir, dass ich nicht in Worte fassen kann.

Vor einiger Zeit besuchte ich eine Kundin, die in einer Einzimmerwohnung lebt und Königspythons züchtet. Das wusste ich vorher nicht. Nie im Leben hätte ich diese Wohnung, in der mindestens 10 Schlangen (ich wollte ehrlichgesagt gar nicht so genau wissen, wie viele es tatsächlich waren) leben, betreten! Aber jetzt stand ich schon mitten drin und musste professionell auftreten und speziell was die Hunde anging Führungsenergie ausstrahlen. Dank meiner Ausbildung habe ich Tools an der Hand, die hervorragend bei Phobien anzuwenden sind. Also wenn nicht jetzt, wann dann, dachte ich mir, jetzt ist die beste Zeit, diese panische Angst ein für alle Mal hinter mich zu bringen! Obwohl mein Herz raste und ich mich innerlich schweißgebadet fühlte, konnte ich nach ca. einer halben Stunde einige der Schlangen anfassen, ja sogar richtig intensiv streicheln.

Ich kann Dir gar nicht sagen, was dieses Erlebnis mit mir gemacht hat. Nach wie vor kann ich nicht behaupten, dass Schlangen meine Lieblingstiere sind, aber es war, als ob ich mindestens einen Meter gewachsen wäre (ich fühlte mich auch gleich viel schlanker)! Glaube mir, es fühlt sich verdammt gut an, wenn man es schafft seiner Angst ins Gesicht zu sehen und zum Schluss sogar fähig ist, sie zu streicheln!

Um unsere Angst zu besiegen ist es notwendig, dass wir uns dissoziieren, das bedeutet, dass wir die Rolle eines Beobachters einnehmen. Wenn ich in einer für mich bedrohlichen Situation assoziiert (mittendrin) bin, kann ich nicht mehr klar denken, ich bin dann wie gefangen in meiner Angst und ihr somit hilflos ausgeliefert.

Kleine Kinder und auch Tiere sind nicht in der Lage sich bewusst zu dissoziieren, sie brauchen daher die Hilfe von uns Erwachsenen. Wenn ein Hund Angst hat, ist er darin gefangen und nichts und niemand kann ihn erreichen. Daher ist es auch so wichtig eine stabile, gesicherte Bindung zu ihm aufzubauen. Er sollte von Anfang an von Dir Schutz erhalten, selbst bei noch so kleinen Lappalien. Das fängt schon beim Welpen an. Wenn er sich unsicher an Dich drückt oder zu Dir rennt, weil ihn vielleicht ein anderer Hund hinterherrennt, schicke sofort den anderen Hund weg oder stell Dich zumindest beschützend zwischen ihn und Deinen Hund. Nur wenn Dein Hund erkennt, dass Du immer und überall bereit bist ihn zu beschützen, wird er sich in seiner größten Not an Dich wenden. Er wird Deine Nähe mit Schutz und somit mit einem guten Gefühl verbinden. Wenn er sich bei Dir sicher fühlt entspannt er sich soweit, dass er sich gar nicht erst in eine so extreme Angst hineinsteigert, in der Du ihn nicht mehr erreichen kannst.

Einen Hund zu beschützen heißt aber bei weitem nicht, ihn in Watte zu packen. Hier geht es darum, mit dem nötigen Feingefühl zu agieren. Ich bleibe in jeder Situation sehr ruhig und zeige ihm dadurch, dass die Situation nicht gefährlich ist. Zufrieden brumme ich eventuell ein bisschen vor mich hin und halte ihn auch fest oder lege ihm meine Hand auf. Ein körperlicher Druck wirkt sich beruhigend auf das gesamte Nervensystem aus. Du weißt doch selbst, wie viel Trost und Schutz eine feste Umarmung spendet.

Wichtig ist dem Hund Zeit zu geben um mit dem Erlebten klar zu kommen. Wenn Du z.B. mit Deinem Hund spazieren gehst und er erschrickt sich vor einem Gegenstand furchtbar, wäre es das Schlimmste, was Du tun könntest, wenn Du einfach weitergehen würdest. So nimmt er die Angst mit! Bleib gelassen stehen und lass ihn erkennen, dass euch der Gegenstand nicht attackiert. Wenn der Hund merkt, dass ihm nichts passiert, wird er sich entspannen. Wenn es möglich ist, beweg Dich in großen Kreisen (Hund immer auf der sicheren, abgewandten Seite; so bist Du zwischen dem Gegenstand und dem Hund) auf den Gegenstand zu. Wenn Du ihn erreicht hast, berühre ihn und brumme dabei. So zeigst Du Deinem Hund erstens Deinen Mut (er wird Dich anhimmeln) und zweitens kannst Du ihm so beweisen, dass dieser Gegenstand vollkommen harmlos ist. Vergiss nie, dass der Hund unsere Welt ganz anders wahrnimmt als wir. Ich bin der festen Überzeugung, dass wir komplett durchdrehen würden, wenn unsere Sinneswahrnehmung auch nur annähernd so intensiv wie die eines Hundes wäre!

Ein Hund nimmt seine Umwelt immer zuerst über die Nase, dann die Augen und erst zum Schluss über die Ohren wahr.

Wahrscheinlich kennst Du auch den Roman oder Film »Das Parfüm« vom Patrick Süßkind. Die Hauptfigur Grenouille hat einen extrem gut ausgeprägten Geruchssinn. Obwohl mich das Buch schon begeistert hat, war der Film unglaublich faszinierend, da er eine Vorstellung davon vermittelt, wie es sich wohl anfühlt, wenn man die die Welt über den Geruch definiert. Ich schwöre Dir, als ich das Kino verlassen habe, achtete ich sehr viel mehr auf die unterschiedlichsten Gerüche. Schließ mal Deine Augen, setz Dich in einer Fußgängerzone auf eine Bank und lass Dich überraschen, was Du plötzlich alles riechen kannst! Genau in so einer Welt leben unsere Hunde. Selbst wenn wir nichts sehen außer einer langweiligen Straße, so nimmt der Hund ein eigenes Universum an Gerüchen wahr. Er riecht, was für Hunde schon vor Tagen hier unterwegs waren. Er erkennt sehr genau, ob es sich um eine läufige Hündin, einen Macho oder einen unsicheren

Hund handelte. Bei jedem Mensch, der ihm entgegenkommt, kann er innerhalb von Sekunden riechen, was wir selbst in stundenlangen Gesprächen nie erfahren werden. Als mein Vater an Krebs erkrankte, waren meine Hunde die ersten, die eine Veränderung in ihm gespürt haben. Sie wollten sich kaum noch von ihm berühren lassen und winselten sobald sie ihn sahen. Als ich schwanger wurde, veränderten sie sich ebenfalls und liebten nichts so sehr, wie ihre Köpfe auf meinen Bauch zu legen und sie suchten auffallend oft meine Nähe.

Hunde sind wunderbare Wesen mit Wahrnehmungsfähigkeiten, von denen wir Menschen nur träumen können. Wenn wir verstehen, wie viel sie in der Natur oder Stadt wahrnehmen, sind wir in der Lage, viel sensibler mit ihnen umzugehen. Es ist wirklich sehr spannend zu versuchen die Welt mit den Augen eines Hundes wahrzunehmen. Plötzlich erscheint uns vertrautes vollkommen fremd. Und alles was fremd ist, kann eine Bedrohung sein! Deshalb nimm Rücksicht auf ihn wenn er bei all dem Fremden, das ihm begegnet, auch einmal Angst zeigt.

 Es geht nicht darum, dass der Hund unsere Sprache erlernt und sich unserem Leben, oder unseren Vorstellungen anpasst. Vielmehr sollte immer die bewusstere Spezies diejenige sein, die dem anderen entgegenkommt und versucht ihn zu verstehen. Also lerne bitte »Hundisch« und ich kann Dir garantieren, dass die Erfolge im Umgang mit Deinem Hund phänomenal sein werden!

Für mich zählt bei einem ängstlichen Hund die gleiche Regel wie bei einem aggressionsbereiten Hund: Wir sitzen die Situation so lange aus, bis der Hund durch seine Emotion hindurchgegangen ist und sie somit hinter sich lassen kann. Ein Beispiel dazu: Vor kurzem hatte ich einen Kundenhund, der panische Angst hatte über eine Brücke zu laufen. Die Brücke wurde deshalb vom Hundehalter gemieden. Das scheint im ersten Moment eine logische Handlung zu sein und doch ist sie absolut kontraproduktiv für den Hund. Man zeigt ihm damit unbewusst, dass es sich tatsächlich um eine reale Gefahr handelt, wenn man dieser Situation ausgewichen. Die Angst kann sich verselbstständigen und sich so weit entwickeln, bis der Hund zum Schluss Angst vor der Angst hat. Zuerst ist es nur eine bestimmte Brücke, dann alle Brücken, dann Straßen … bis sich der Hund überhaupt nicht mehr nach draußen traut.

Im Falle der Brücke habe ich mir Nala zur Hilfe geholt, denn Hunde schauen sich genau wie wir viel von anderen ab. Also bin ich erst mal seelenruhig mit meinem Hund über die Brücke auf und ab gelaufen. Dann habe ich den Kundenhund an die Leine genommen und bin ganz aufrecht mit meinem Hund an der Seite über die Brücke gelaufen. Als sich der Hund sträubte, habe ich ihn einfach mitgenommen, ihn (natürlich ohne Leinenruck!) kommentarlos hinter mir hergezogen. Das hört sich jetzt für einen sehr sensiblen Menschen brutal an, aber was ist im Endeffekt brutaler, den Hund in seiner Angst festzuhalten oder ihn kurz zwingen, sich ihr zu stellen und sie dann hinter sich zu lassen?

Nach der Erkenntnis, dass ich es nicht zulasse, dass er die Brücke verlässt, kam der Hund zögernd mit mir mit. Dann lief ich mit ihm immer wieder auf und ab auf der Brücke, verließ die Brücke und ging von weitem mit ihm wieder auf sie zu.

Innerhalb von 5 Minuten (es war keine sehr lange Brücke) lief der Hund an lockerer Leine, schwanzwedelnd neben Nala und mir über die Brücke – natürlich auch mit seinem Besitzer! Um das Ergebnis zu festigen und in ihm zu verankern haben wir die Übung noch eine halbe Stunde fortgeführt. Seit dem ist die Brücke kein Thema mehr!

Manchmal müssen wir den Hund einfach zu seinem Glück zwingen, so seltsam sich das auch anhören mag. Also wenn Du merkst, dass sich der Hund irgendwo nicht so wohlfühlt und eigentlich nur schnell weg möchte, lauf mit ihm dort solange auf und ab, bis er begreift, dass alles sicher und in Ordnung ist. Erst wenn die Leine locker ist, heißt es auch, dass der Hund locker ist.

> ## Gespannte Leine heißt auch angespannter Hund!

Aber Achtung! Auch hier gibt es wieder mal die berühmten Ausnahmen. Ich würde z.B. nie einen Hund zwingen, sich von mir oder einem anderen Menschen anfassen zu lassen, wenn er das nicht möchte. Dann würde ich sein Vertrauen nur verlieren, bzw. nie gewinnen. Er muss sich auch nicht jedem Gegenstand nähern, wenn der ihm unheimlich ist. Wichtig ist darauf zu achten, dass er sich entspannen kann und erst dann geht ihr weiter. Finde heraus, welche Angst berechtigt und sogar gesund ist und welche ihm tatsächlich schadet. Ein Hund, der kein Feuer fürchtet oder blind über eine Autobahn rennt, ist nicht mutig, sondern einfach nur dumm! Ein bisschen Angst bzw. Vorsicht würde ihm hier womöglich das Leben retten.

Du erkennst jetzt sicher, in was für einen Dilemma ich mich manchmal befinde. Ich kann Dir einfach nicht eine Gebrauchsanleitung für den Hund geben. Es gibt gewisse Regeln und doch ist jeder Hund und jede Situation einmalig und somit ist eine Verhaltensregel nie für alle und jederzeit gültig. Viel wichtiger ist es, dass Du Dich in Deinen Hunden hineinversetzt und dann spürst, wie Du ihm helfen kannst. Eine Mutter spürt auch instinktiv warum ihr Kind weint oder sich seltsam verhält und meistens handelt sie dann am besten, wenn sie ihren Verstand ignoriert und nur nach ihrem Instinkt, ihrer Intuition handelt.

Du kannst deinem Hund auch helfen, indem Du die Leberwursthand einsetzt. Du schmierst Dir ein bisschen Leberwurst (oder Quark) auf Deine Hand und lässt den Hund dann an ihr lecken. Dieses monotone Lecken entspannt den Hund – er kann sich sozusagen positiv an Dir abreagieren. Gleichzeitig verbindet er so Ruhe und Wohlgefühl mit Dir. Aber achte darauf, dass er die Leberwurst nur erahnt – es hat nichts mit »Leckerlegeben« zu tun.

Ich stelle mir Angst immer als eine unangenehme Person vor, die mich bedrängen will. Auch wenn ich sie ignoriere, sie mir nicht ansehen will, spüre ich doch ihre Anwesenheit und verleihe ihr dadurch Macht. Wenn ich vor ihr flüchten will, rafft sie ihre Röcke (ja, bei mir sieht sie wie ein altes nörgelndes überbesorgtes Weib aus) und rennt mir so schnell sie nur kann hinterher – und Du kannst mir glauben, für ihr hohes Alter ist sie unglaublich fit! Also bleibt mir nur eins übrig: ich muss mich ihr in den Weg stellen, sie bewusst anschauen und auch erkennen, dass sie es eigentlich nur gut mir meint, sie mich beschützen will, und ihr dann unmissverständlich zeigen, wo ihr Platz ist, nämlich ganz weit weg von mir, so weit weg, dass ich sie weder sehen noch spüren kann. Meistens geht sie dann zufrieden von dannen. Sie kann aufatmen, da ich mich mit ihr sozusagen ausgesprochen habe und sie erkennen konnte, dass ich alt und stark genug bin um selbst auf mich aufzupassen!

Klingt vielleicht ein bisschen verrückt für Dich, aber probier es ruhig mal aus. Erstens macht es so sehr viel mehr Spaß und zweitens kommuniziert unser Unterbewusstsein über Bilder. Alles, was ich visualisiere, mir vor meinem geistigen Auge vorstelle, kommt viel deutlicher im Unterbewusstsein an und kann somit auch besser verinnerlicht und umgesetzt werden. Unsere Vorstellungskraft ist wesentlich stärker als unser Wille. Also wäre es sinnvoller sich Gutes und Wünschenswertes vorzustellen als sich mit dem Wollen unnötig unter Druck zu setzen. Probier es doch jetzt gleich mal aus! Welches Gesicht willst Du Deiner Wut, Deinem Glück oder auch Deiner Geduld geben und wie hast Du vor, ab sofort mit ihnen umzugehen? Meine Geduld sieht aus wie ein dicker, zufrieden vor sich hin grinsender Buddha! Allein schon, wenn ich an ihn denke, merke ich, wie alles in mir ruhiger wird und sich ein Lächeln auf mein Gesicht schleicht!

Waage es ruhig mal ein bisschen unkonventionell zu sein, Du brauchst es ja nicht gleich jedem auf die Nase zu binden. Obwohl ich mittlerweile auch damit kein Problem habe. Ich bin der Meinung, dass alles legal und somit auch berechtigt ist, wenn es für einen nützlich ist und niemandem schadet. Abgesehen davon wird die Welt dadurch ein bisschen bunter!

Oft wird Angst auch mit Scheuheit verwechselt!

Erst vor kurzem habe ich beim Training erlebt, dass ein Kangal vor einem fremden Gegenstand auf der Wiese zurückwich und der Labrador, der dabei war, schwanzwedelnd darauf zu lief. Lustig war zu sehen, wie stolz die Labradorbesitzerin auf ihren Hund war und ihn als viel mutiger einstufte als den riesigen Herdenschutzhund. Und wie sehr musste ich ein paar Minuten später lachen, als plötzlich ein fremder Mann im Dunkeln auftauchte und sich der Labrador ängstlich hinter seinen Menschen drückte, der Kangal sich dagegen voller Kraft und Selbstbewusstsein aufrichtete! Tja, so schnell zeigt sich manchmal die Wahrheit! Ein Hund, der die Funktion eines Beschützers hat, ist von Natur aus wesentlich misstrauischer. Es ist sein Job Fremdes erstmal skeptisch aus der Ferne zu betrachten – in jedem Gegenstand könnte ja eine Gefahr versteckt sein! Unvorsichtigkeit kann das Leben kosten! In der Natur überlebt nicht der lustige Hans Dampf in allen Gassen, sondern der Vorsichtige, der Misstrauische. Eine zweite Chance gibt es nicht! Der Kangal zeigte kein Angstverhalten, sondern nur eine extreme Vorsicht. Der unbedarfte Labrador dagegen wurde von seiner Neugier gepackt und wollte nachschauen was es ist. Im Idealfall kann Hund es ja sogar fressen oder sich drin wälzen.

Ein ängstlicher Hund zeigt ein deutliches Meideverhalten. Seine Energie geht nach unten, er versucht sich klein zu machen (»ich bin gar nicht da!«). Er klemmt die Rute ein (falls vorhanden) und unterlässt alles, was den anderen reizen könnte. Oft vermeidet er direkten Blickkontakt. Frei nach dem Motto: »ich sehe Dich nicht, also siehst Du mich auch nicht!« Wenn er in die Enge getrieben wird und keinerlei Fluchtmöglichkeit hat, wird er sich entweder ergeben oder versuchen sich durch einen Angriff zu verteidigen. Auch dieser Angriff zeigt einen deutlichen Rückzug des Körpers, nur sein Kopf geht vor! Meistens ist er auch sehr laut, mehr Schein als Sein! Oder er versucht von hinten oder der Seite schnell zuzuschnappen, in der Hoffnung, dass es so keiner merkt. Er wird sich nicht offen einem Kampf stellen!

Ein scheuer, vorsichtiger Hund ähnelt dagegen mehr einem Beobachter. Er fixiert die vermeintliche Gefahr, behält sie ständig im Blick. Sein Körper hat eine hohe Körperspannung um im Notfall sofort agieren zu können. Er ist sozusagen in einer »Habachthaltung«! Auch wenn er mal zurückweicht, dreht und wendet er sich eher, um die Gefahr aus jeder Perspektive betrachten zu können. Manchmal agiert er auch nach dem Motto: ein Schritt vor, zwei zurück. Seine Anspannung lässt erst nach, wenn er sich davon überzeugt hat, dass keine Gefahr droht. Dann schüttelt er sich und läuft weiter als ob nichts gewesen wäre.

Diese Scheuheit taucht oft auch in der Pubertät auf, speziell in Bezug auf Menschen. Als Welpe lässt sich der Hund von jedem Menschen anfassen und plötzlich weicht er zurück. Ein vollkommen gesundes und normales Verhalten. Findest Du nicht? Ach, lässt Du Dich etwa von jedem Fremden betatschen???

Verlass Dich nicht nur auf das, was Du siehst, das was wir sehen kann uns täuschen. Beobachte Deinen Hund ohne sein Verhalten gleich zu bewerten, fühle Dich in ihn hinein und Du wirst plötzlich wesentlich mehr sehen. Wir interpretieren alles nach unseren Erfahrungen, unserem sogenannten Wissen. Aber wie Einstein (der echte, nicht Einstein mein Landseer) schon sagte: Wissen ist immer begrenzt!

Kleine Hunde

Ich habe lange überlegt, ob es überhaupt notwendig ist ein gesondertes Kapitel über kleinwüchsige Hunde zu schreiben. Aber wenn ich mir den so Alltag anschaue, scheint es eine Notwendigkeit zu sein. Ich kann es immer wieder beobachten, dass es zwei Lager bei den Hundehaltern gibt (die berühmten Ausnahmen gibt es natürlich auch hier): einmal die mit großen bzw. größeren und dann die mit den winzigen bis kleinen Hunden. Bis auf eine Ausnahme hatte ich immer große, wenn nicht sogar riesige Hunde und kann es schon gar nicht mehr zählen, wie oft Menschen mit kleinen Hunden einen Riesenbogen um mich machen oder ihre kleinen Hunde sofort auf den Arm nehmen, wenn sie uns sehen, obwohl meine Hunde und ich sehr relaxt und freundlich sind.

Ich kann diese Reaktion sogar nachvollziehen, denn im Ernstfall hätte solch ein kleiner Hund natürlich keinerlei Überlebenschancen wenn es zu einem Kampf käme. Aber es macht mich traurig, dass große Hunde oft automatisch als Gefahr für Kleine angesehen werden. Denn wenn ich es vorsichtig schätze sind es zu 70% die kleinen Hunde, die schon von weitem wild anfangen zu kläffen, wenn sie meine Hunde sehen. Und zu 95%, wenn es gleich mehrere kleine Hunde sind.

Unter meinen Kunden gibt es nur sehr wenige mit kleinen Hunden. Schade, denn, ohne hier jemanden zu nahe treten zu wollen, bin ich der Meinung, dass auch kleine Hunde eine richtige Erziehung verdient haben und brauchen. Natürlich gibt es auch phantastische, gut erzogene kleine Hunde, die im Inneren ganz Große sind und sich perfekt mit allen Hunden verstehen – egal was für ein Größenunterschied besteht. Ich kenne z.B. einen King-Charles Spaniel, der es schafft wirklich jedes Hunde- und Menschenherz im Sturm zu erobern. Er heißt Casanova – muss ich noch mehr sagen? Alleine wenn ich seinen Namen ausspreche bekommen meine Hündinnen einen ganz weichen Blick. Stolz und selbstbewusst läuft er zwischen den Großen umher und wird von allen akzeptiert!

Klar haben viele Hundehalter Recht mit ihrer übertriebenen Angst was ihre Winzlinge angeht, wenn sie schon negative Erfahrungen gemacht haben. Aber so gemein es sich vielleicht im ersten Moment anhören mag, oft war es vorhersehbar, dass es dazu kommen musste, da viele dieser kleinen Hunde einfach nicht Hund sein dürfen, sondern mehr das Leben einer lebendigen Puppe führen müssen! So werden die Kleinen oft von Geburt an falsch behandelt, es werden ihnen keine Grenzen gesetzt, sie haben Narrenfreiheit und zudem werden sie von fremden Hunden isoliert gehalten. Kontakt dürfen sie, wenn überhaupt, nur mit gleichgroßen Hunden haben. Das sich unter diesen Bedingungen ein Hund nicht gesund entwickeln kann ist klar. Vor lauter Unsicherheit macht er mit der Zeit jeden Hund giftig an, er weiß ja, dass der andere Hund gar keine Möglichkeit hat ihn zu korrigieren. Sein Verhalten bestätigt ihn auch. Er hat Erfolg, da der große Hund verschwindet (an der Leine weggezogen wird).Und wir wundern uns, dass es den großen Hunden irgendwann mal zu viel wird und sie Kontra geben! Der Mensch bestätigt den Hund unbewusst in diesem verkehrten Verhalten. Erinnere Dich daran, dass ein Verhalten, welches nicht korrigiert wird, als passives Lob verstanden wird. Er springt respektlos seinen oder fremde Menschen an und wird als »Dankeschön« für diese Unverschämtheit noch gestreichelt und auf den Arm genommen.

Das ist auch noch ein zusätzliches Problem, dass die Erziehung eines kleinen Hundes erschwert. Die Akzeptanz und Toleranz ist hier wesentlich höher. Ein kleiner kläffender Hund wird nie so anecken wie ein Rottweiler, der sich wild in die Leine wirft. Menschen sehen ein Fehlverhalten bei einem kleinen Hund sehr viel lockerer, als bei großen Hunden. Sie halten es nicht für nötig, ihn zu erziehen und unter Kontrolle zu halten, denn von ihm geht keine Gefahr aus und zur Not wird er einfach hoch genommen. Es ist eine Realität, die wir nicht leugnen können; wenn wir große Hunde haben, stehen wir mehr unter Beobachtung, tragen mehr Verantwortung und die Toleranzgrenze bei einem unerzogenen großen Hund ist fast null! Und sollte es zu einer Auseinandersetzung zwischen Groß und Klein kommen, haben wir mit dem großen Hund automatisch die A...karte gezogen, auch wenn der Kleine angefangen hat!

Natürlich ist es ein großer Unterschied, zumindest von der äußeren Auswirkung und des Gefühls, das man dabei hat, ob sich ein Mops oder eine Dogge auf einen stürzt, aber vom Prinzip her ist es das Gleiche. Ich wünsche mir von kleinen wie von großen Hunden und Menschen respektvoll behandelt zu werden. Für mich gibt es keine Toleranz bei verzogenen Hunden, egal welche Körpergröße sie haben. Es ist unsere Pflicht dafür zu sorgen, dass sich unsere Hunde bei uns hundewohl fühlen und weder für sich noch für andere eine ernstzunehmende Gefahr darstellen. Das Argument »er ist doch so klein« zählt nicht. Schließlich steckt in dem kleinen Körper (außer es handelt sich wirklich um einen Welpen) ein erwachsener Hund. Also gibt es keinen Grund für mich sein unhöfliches Verhalten zu ignorieren, geschweige denn zu verniedlichen. Wenn ich mir vorstelle, dass die Welt voll wäre von kleinen Menschen, die mich ständig anspringen oder beschimpfen … Mit der Zeit fände ich die nicht so berauschend. Ich würde sie garantiert nicht putzig finden und hätte für jeden großen Menschen Verständnis, der ihnen Kontra geben würde. Es würde mich (und meinen inneren Buddha) schon sehr viel Kraft kosten, sie nicht mal am Kragen zu packen und sie ordentlich zu schütteln. Manchmal ziehe ich vor meinen Hunden gedanklich den Hut, wenn sie vollkommen desinteressiert an einem kleinen kläffenden Hund vorbeilaufen, ohne auch nur mit der Wimper zu zucken!

> **Kleine Hunde sind genauso Hunde wie große! Somit gelten für sie die gleichen Regeln und Gesetze!**

Ein großer Hund nimmt nicht auf die Größe seines gegenüber Rücksicht. Er bewertet einzig und allein sein Verhalten! Wir machen es doch genauso. Wäre ja noch schöner, wenn ich da Unterschiede machen würde. Frei nach dem Motto: Männer unter 1,60 m dürfen mich blöd anpöbeln, aber ab 1,80 m haben sie sich mir gegenüber respektvoll zu verhalten! Ganz nebenbei fänden es die erwachsenen kleinen Männer auch nicht amüsant, wenn ich sie wie Kinder behandeln würde.

Viele Menschen neigen dazu von der Körpergröße auf die geistige Größe zu schließen. Das ist aber falsch. Ein Riesenhund wie eine deutsche Dogge ist erst mit drei Jahren ausgewachsen, überragt aber schon nach nur ein paar Monaten fast alle anderen Hunde. Und wir wundern uns, dass er, trotz seiner Größe, noch so unvernünftig ist und vergessen dabei, dass wir eigentlich ein Riesenbaby vor uns haben. Und kleine Hunde, die oft die Weisheit und Reife einer alten Seele in sich tragen, werden wie unselbständige Babys behandelt.

Es heißt auch nicht, dass wir oder ein Hund automatisch ab einem gewissen Alter erwachsen sind. Viele Hunde, wie auch Menschen, werden alt, ohne je wirklich erwachsen zu sein! Und umgekehrt gibt es Kinder und Tiere, die eine Weisheit in sich tragen, von denen wir unendlich viel lernen können, die ihrem biologischen Alter weit voraus sind.

Ich finde es sehr wichtig, dass kleine Hunde vom ersten Tag an guten Kontakt zu großwüchsigen Hunden haben. Selbst wenn der Große den Kleinen korrigiert und es ein bisschen heftig für uns Menschen aussehen kann ist es vollkommen berechtigt und in Ordnung. Eine Hundemutter ist ja auch wesentlich größer als ihre Welpen. Eine einzige gesunde Korrektur kann für das gesamte Leben ausreichen! Abgesehen davon können wir Menschen immer noch ein bisschen besänftigend und helfend eingreifen. Wir haben ja die Möglichkeit, dass wir aus Sicherheitsgründen den großen Hund an der Leine führen. Es ist wunderschön zu sehen, wie innig und auch lustig solche Freundschaften zwischen Groß und Klein sein können! Erstaunlich, wie die Kleinen manchmal die Großen rumkommandieren und diese es sich geduldig gefallen lassen. Simba und Nala werden oft als Klettergerüste von den Kleinen benutzt und beide scheinen es sehr zu genießen.

Bitte verzärtele Deinen kleinen Hund nicht, das ist ungesund und respektlos ihm gegenüber. Sorge vielmehr dafür, dass er sich vom ersten Moment an zu einem höflichen und selbstbewussten Hund entwickelt – das ist übrigens auch der beste Schutz für ihn. Wenn er sich anderen Hunden gegenüber respektvoll verhält, haben diese auch keinen Grund ihn zu korrigieren oder anzugreifen. Ein freundlicher entspannter Hund agiert auch immer intelligenter als einer, der unter enormen Stress steht. Oder findest Du, dass es ein Zeichen von Intelligenz ist jemanden blöd anzumachen, der das fünffache Kampfgewicht von einem hat? Du musst ihn ja auch nicht gleich zu jedem fremden Hund hinlassen, aber gib ihm, nach Absprache mit dem anderen Hundehalter, die Möglichkeit ein normaler Hund zu sein und auch gesunde soziale Kontakte zu knüpfen.

Wenn Du wissen willst, ob das Verhalten Deines Hundes in Ordnung ist, stell Dir einfach vor, dass er 50 kg wiegt und schon weißt Du ob Handlungsbedarf besteht oder nicht! Ich könnte mich immer wegwerfen vor Lachen wenn ich zu Besuch bei meiner Freundin Ina bin. Sie hat einen Winzling von Hund (Mischung aus Yorkshire-Terrier und evtl. Minipinscher) mit dem bezeichnenden Namen Flo. Ihr zweiter Hund, Bari, ein Podengomix, ist ein Riese dagegen. Bei Bari ist sie wesentlich konsequenter und es ist wunderbar zu sehen, wie phantastisch er sich an ihrer Seite entwickelt. Flo dagegen ist zuckersüß, aber keiner scheint ihn als Hund so richtig ernst zu nehmen (Ok, ich gebe es zu, ich sehe ihn auch eher als Erdmännchen; diese Ähnlichkeit wurde übrigens auch von einem Tierarzt bestätigt). Wenn er frech an Ina hochspringt, merkt sie es nicht einmal, da sie sein Flogewicht durch die Jeans überhaupt nicht spürt. Auf seine Art ist er ein wundervoller Hund und doch ist es mit ihm wesentlich anstrengender, da es so leicht ist, ihm alles durchgehen zu lassen. Und ja, ich muss zu meiner Schande gestehen, kleine, winzige Hunde sind nichts für mich, da ich es auch nicht garantieren könnte mit ihnen so konsequent zu sein wie mit meinen großen Hunden. Ich sage nur das eine Wort: Bett! Deshalb habe ich großen Respekt vor Menschen, die hier konsequent sind und es schaffen, aus einem kleinen Hund einen mental ganz Großen zu machen. Hut ab!

Auf der Erde leben große, kleine, alte, tapfere, ängstliche, passive, aktive, junge, gesunde, kranke, dünne und dicke Menschen aller Rassen meistens friedlich zusammen und genauso sollte es auch mit Hunden sein! Keiner sollte isoliert werden sondern seinen Platz in der Gesellschaft finden.

Ein kläffender Hund an der Leine ist immer ein unglücklicher Hund! Genauso wie Menschen, die ständig schlecht gelaunt sind und es sich zum Hobby gemacht haben, anderen Menschen das Leben schwer zu machen. Also gibt es für uns keinen Grund sie ebenfalls anzufeinden – so würde sich nur ein ungesunder Kreislauf der Aggression entwickeln. Viel Wichtiger wäre es zu begreifen, warum sie sich so benehmen, ihnen Mitgefühl entgegenzubringen und dann unbeirrt seinen eigenen Weg weiterzugehen. Gib weder solchen Menschen noch Hunden Macht über Dich, damit ist niemandem geholfen. Versuche auch hier mit Deinem eigenen Verhalten als gutes Beispiel voranzugehen. Nichts finde ich entwürdigender, als zwei erwachsene Menschen, die sich gegenseitig primitiv beschimpfen. Zeige Größe, nicke verständnisvoll, sei ruhig und freundlich, lass alle Beleidigungen an Dir abprallen (Du entscheidest doch selbst, ob Du die Worte Deines Gegenübers annehmen willst) und geh einfach weiter. Das ist wahre Größe und Führung. Du wirst sehen, dass von diesem Verhalten auch Deine Hunde profitieren werden. Irgendwann stehen sie genauso ruhig und souverän da, auch wenn andere Hunde sie angiften. Das heißt aber natürlich nicht, dass Du Dich nie wehren sollst. Aber wehr Dich nur, wenn es auf die körperliche Ebene geht, jemand Dich oder Deine Hunde körperlich angreift. Aber auch da sollte es immer ein Wehren im Sinne von Korrigieren sein!

Es spricht nichts dagegen seinen Hund mal zu verhätscheln und ein Auge bei der Erziehung zuzudrücken, aber wenn Du Deinen Hund aufrichtig liebst solltest Du ihm helfen, dass er sich zu einem glücklichen, selbstbewussten und entspannten Hund entwickeln kann!

Wie beschäftige ich den Hund richtig?

Immer wieder habe ich Kunden, die mit folgender Aussage zu mir kommen: »Ich verstehen das nicht, früher hatte ich doch auch Hunde und nie Probleme mit ihnen, obwohl ich nebenher arbeiten musste und noch meine Kinder im Haus waren. Jetzt, wo ich Zeit und die Muße für meinen Hund habe und auch so viel mit ihm mache, in die Hundeschule gehe und regelmäßig mit ihm spiele und trainiere, habe ich einen Problemhund.«

Ich bin überzeugt, dass Du die Frage, woran das liegen könnte, jetzt schon beantworten kannst: Früher haben sich diese Menschen unbewusst kompetent verhalten. Die Lebenssituation hat es nicht zugelassen, den Hund in den Mittelpunkt zu stellen. Er war eine Selbstverständlichkeit, ein Teil der Familie. Es wurde kein Theater um ihn gemacht und man hatte auch keine überzogenen Erwartungen an ihn. Er durfte noch Hund sein und wenn er nervte, wurde er korrigiert, ansonsten mehr oder weniger ignoriert. Sicher ist auch mal mit ihm geschmust worden, aber meisten lag er im Kreis der Familie, ohne das er ständig angesprochen und angefasst wurde.

Heute wird uns fast überall suggeriert, dass wir uns intensiv mit unserem Hund beschäftigen sollen, am besten rund um die Uhr. Viele Kunden, die zu mir kommen, sind keine Anführer, keine Leitfigur für ihren Hund, sondern Animateure und Bespaßer. Und manch ein Hund hat einen strafferen Terminplan als ein Mensch. Heute Hundeplatz, morgen Agility, dann der tägliche Gruppenspaziergang, wo unkontrolliert getobt wird während die Menschen ein Schwätzchen halten, übermorgen Dog-Dancing, oder was weiß ich, was es mittlerweile so alles in der modernen Hundewelt gibt. Mal ganz im Ernst, man kann des Guten auch zu viel tun!

Über so manches, was ich da mitbekomme, kann ich nur ungläubig den Kopf schütteln und ich wette mit Dir, viele Hunde schütteln auch ihre Köpfe über unsere skurrilen Einfälle sie zu beschäftigen. Erst vor kurzem bin ich auf einer Hundemesse aus einem Zelt gestürzt, weil ich Menschen hysterisch kreischen hörte und dachte, ich müsste irgendwo helfend eingreifen. Dazu unzählige kläffende und winselnde Hun-

157

destimmen. Du kannst Dir meinen dämlichen Gesichtsausdruck vorstellen, als ich merkte, dass es keine Massenrauferei war, sondern eine neue Sportart. Sie nennt sich glaube ich »Flying Ball«, oder so ähnlich. Um es mal ganz dilettantisch zu beschreiben: Menschen schreien und Hunde hetzen zu ihnen, um einen Ball abzuholen und den müssen sie irgendwo reinstecken und dann wieder zu anderen (ebenfalls schreienden) Menschen zurückrennen, die hinter ihnen stehen. Der Sinn dieses seltsamen Unterfanges erschließt sich mir nicht, außer wenn man bezweckt den Hund vollkommen aufzuputschen. Ich musste den Platz verlassen, denn ich konnte es wirklich nicht mitansehen, was den armen Hunden angetan wurde. Kein Mensch kann mich davon überzeugen, dass sein Hund solch einen Schwachsinn liebt. Wenn ein Hund sich nicht mehr unter Kontrolle hat, nur noch hysterisch kläfft und nur mit Mühe zurückgehalten werden kann, hat er mit Sicherheit keinen Spaß! Wir brauchen nicht noch mehr durchgeknallte Hunde! Wenn die Menschen ehrlich zu sich selbst wären, müssten sie zugeben, dass sie es eigentlich für sich selbst machen. Wenn es einem Spaß macht, dann dem Menschen!

Ein kleines Kind, welches dieses Spektakel beobachtete, fasste alles in einem kurzem Satz sehr treffend zusammen: »Mama, warum schreien die Menschen die Hunde so an?« Die Antwort habe ich leider nicht gehört, aber ich könnte wetten, dass sie wie folgt lautete: »Das macht den Hunden doch Spaß!« Ja, manchmal haben kleine Kinder mehr gesunden Menschenverstand als Erwachsene. Kein normaler Hund würde einfach »just for fun« wie von einer Tarantel gestochen über einen Parcour rennen. Vielleicht würde er langsam und neugierig anfangen auf die Podeste zu klettern, aber alles eher behutsam und schon gar nicht mit einer Stoppuhr in der Pfote!

Bevor ihr mich jetzt alle steinigt: Ich bin kein genereller Gegner von allen sportlichen Aktivitäten mit Hunden. Nur werde ich in meinem Beruf leider immer wieder mit komplett neurotischen Hunden konfrontiert, die als Sportgeräte missbraucht wurden und so kaputt sind, dass man es kaum ertragen kann. Manche von ihnen sind so hyperaktiv, dass sie sich nicht ein Mal am Tag hinlegen können, einige jagen permanent Schatten an der Wand oder ihre eigene Rute, andere winseln oder hecheln ohne Unterlass und wieder andere lecken sich selbst blutig oder verstümmeln sich, indem sie sich die Pfoten aufbeißen. Aber Hauptsache der Mensch ist stolz auf die vielen Pokale zuhause! Und wehe ich schlage diesen Menschen vor, mit dem Hundesport aufzuhören! Angeblich liebt es ihr Hund doch so sehr – manche kläffen den ganzen Weg bis zum Hundeplatz im Auto vor lauter Freude darauf, was sie gleich wieder erwartet. Klar, wenn ich mich auf was freue, kreische ich auch die ganze Zeit hysterisch! Also wacht bitte auf, nehmt die Scheuklappen ab und erkennt wie sehr diese armen Hunde leiden! Und dann fangt endlich damit an ihnen zu helfen!

Es gibt sicher Hunde, die innerlich so stabil und gesund sind, dass sie sich für diese Art der Beschäftigungen eignen und keinen Schaden daran nehmen – aber das trifft nicht auf alle Hunde zu. Und genau darum geht es mir: für uns sollte immer das Wohl und nicht der Erfolg eines Tieres im Mittelpunkt stehen. Wenn sich Dein Hund supertoll entwickelt und keinerlei Stresssymptome zeigt, ist es völlig in Ordnung mit ihm aktiven Hundesport zu betreiben. Aber wenn Dein Hund auch nur die kleinsten Verhaltensauffälligkeiten zeigt, hör bitte SOFORT mit allem auf, was ihm zusätzlichen Stress bereitet! Und da sei bitte ehrlich Dir gegenüber und hör auf, Dir in die eigene Tasche zu lügen.

Ganz besonders traurig und auch armselig finde ich es, wenn man sich bewusst eine spezielle Hunderasse für eine gewisse Sportart anschafft und den Hund dann wieder abgibt, wenn er in seiner Leistung versagt oder nicht den Vorstellungen entspricht. Da kann man nur hoffen, dass diese Menschen es mit ihren Kindern nicht genauso machen. Ein Hund hat nicht den Anspruch der Beste, Schnellste oder Erfolgreichste zu sein. Pokale oder Preisgelder sind im so was von egal! Hunde kennen keinen menschlichen Ehrgeiz! Achte also darauf, dass sich Dein Hund wohlfühlt und lass Dir bitte von niemandem einreden, dass es wichtig ist, den Hund auf diese Weise zu beschäftigen.

Beobachte mal freilebende Hunde. Ich hatte ja in Indien dieses Privileg. In Indien hörst Du ständig Musik und ob Du es glaubst oder nicht, keiner der Hunde fing dazu an zu tanzen! Genauso wenig jagten sie blitzschnell über irgendwelche Hindernisse oder apportierten jeden Mist, der auf der Straße lag. Weißt Du, was diese Hunde vorwiegend machten? Sie ruhten und das bis zu 20 Stunden täglich. Sie schliefen, dösten, reinigten ihr Fell, genossen ein Kontaktliegen, leckten sich gegenseitig ab und schonten ihre Energien, die sie brauchten um Futter zu besorgen oder sich gegen Angreifer (davon die meisten in menschlicher Form) zu wehren. Einige nagten an alten Knochen oder Stöcken. Jeglicher Kraftaufwand hatte einen Sinn! Die Junghunde tobten immer wieder mal für ein paar Minuten durch die Gegend oder rangelten miteinander, um ihre Kräfte zu messen, dann ruhten auch sie wieder.

Damit sich Mensch und Tier gesund entwickeln können muss Aktivität und Passivität gesund ausbalanciert sein. Jedes Extrem ist ungesund. Wenn wir uns geistig und körperlich zu wenig bewegen, werden wir träge, krank und unzufrieden. Aber zu viel Beschäftigung oder Anstrengung überfordert uns, lässt uns unruhig werden, chronischer Stress entsteht und schadet uns auf Dauer genauso wie ein Nichtstun. Es gilt hier die gesunde Mitte zu finden.

Bei mir und meinen Hunden ist es normal, dass wir auch mal einen herrlichen faulen Ruhetag einlegen. Das brauchen und genießen wir total. Nur rumliegen und keine Pflichten haben – herrlich! Dann kann es aber wieder sein, dass wir Stunden unterwegs sind oder einen Gasthund haben, der uns den ganzen Tag auf Trab hält. Meine Aufgabe ist es für Balance zu sorgen. Hat einer meiner Hunde an einem Tag hart mental oder körperlich arbeiten müssen, darf er sich am nächsten Tag ausruhen und genauso ist es umgekehrt. Hier ist es wichtig zu wissen, dass eine geistige Arbeit manchmal anstrengender sein kann, als eine körperliche. Ich kann das sehr gut bei Shanti beobachten. Wenn sie für eine Stunde mit geistig behinderten Kindern gearbeitet hat, braucht sie den ganzen Tag Ruhe, sie ist total erschöpft. Dagegen kann sie nach einem zweistündigen Gruppentraining noch total fit sein.

Wenn Dein Hund innerlich sehr unruhig ist, ungeduldig hin und her tigert, wäre es kontraproduktiv, wenn Du ihn wie gestört durch die Gegend hetzt (also bitte keine Ballspiele oder ein wildes Toben mit anderen Hunden). Diese innere Unruhe lässt sich nur mit einer monotonen Bewegung wie einem längeren Traben (z.B. neben dem Fahrrad, oder beim Walking) runterbringen. Jeder Jogger wird Dir bestätigen, dass er bei einem langsamen Tempo mit der Zeit mental total abschalten, runterkommen kann. Dieses ruhige Traben wirkt sich wie Meditation auf den unruhigen Geist aus.

Die zweite Möglichkeit wäre es, den Hund mental über Kopfarbeit zu beschäftigen, auch das bringt ihn wieder runter und er kann sich entspannen. Bewährt hat sich hier Fährten zu legen oder die Suche nach Futter. Der Hund hat nur Erfolg, wenn er sich auf seine Aufgabe konzentriert und um sich zu konzentrieren, muss er ruhiger werden. Zudem hat er noch ein Erfolgserlebnis, wenn er die Beute findet. Aber hier geht es nicht um ein Hetzen oder irgendeine Art von Jagdausbildung im Sinne einer Apportierarbeit, sondern um ein gezieltes ruhiges, überlegtes Suchen.

Bei der Beschäftigung mit Hunden trifft manchmal der Satz »weniger ist mehr« voll ins Schwarze. Auch Arbeitshunde wie Hütehunde hetzen nicht den ganzen Tag Schafetreibend durch die Gegend. Wäre es so, könnte kein Hund älter als ein paar Jahre werden, er wäre total ausgebrannt. Nicht umsonst nennt man Border Collies oder Australian Shephards »Lying Eye« und nicht »Running Eye«. Ihr Job ist es in erster Linie aufmerksam zu beobachten und nur auf Anweisung und Bedarf körperlich zu agieren. Nur in Ausnahmefällen arbeitet er aktiv über mehrere Stunden am Stück!

Vergiss bitte auch nicht, dass alles, was unser Gehirn verarbeiten muss, Arbeit bedeutet. Das bedeutet, dass ein Hund, der den normalen Alltag seiner menschlichen Familie miterlebt, also Besucher zuhause empfängt, unterschiedliche Spaziergänge praktiziert, mal im Feld, dann mitten in der Stadt, täglich neue Erlebnisse und auch soziale Kontakte knüpft, sehr intensiv arbeitet. Er bekommt unendlich viel Input und braucht ausreichend Ruhephasen um alles verarbeiten zu können. Für einen normalen Hund reicht das vollkommen an Beschäftigung! Er ist zufrieden und ausgeglichen und fühlt sich nicht überfordert.

Es ist auch nicht notwendig, dass Du mit Deinem Hund spielst. Erstens bist Du nicht sein Kumpel, zweitens spielen die wenigsten erwachsenen Hunde und drittens verwechseln die meisten Spielen mit Aufputschen, also genau das Gegenteil von dem, was dem Hund guttut. Nimm ihn lieber mal mit in unbekannte Gegenden, lass ihn Neues entdecken und ansonsten genieße seine Nähe und kuschle mit ihm, das ist für euch beide sicher wesentlich effektiver!

Bedenke, dass der Bewegungsdrang je nach Rasse unterschiedlich sein kann, außerdem auch vom Alter, der körperlichen Konstitution und vom Wetter (bei brütender Hitze will sich kaum ein Hund bewegen) abhängt. Und manchmal ist es eine mentale Sache und der Hund hat einfach keinen oder aber einen unbändigen Drang sich zu bewegen. Wenn Du ein aufmerksamer Beobachter bist, wirst Du es erkennen und dementsprechend auf ihn eingehen.

Du kennst es doch sicherlich auch, wenn ein Hund einen »Rappel« hat. Wie ein junges Fühlen rast er hackenschlagend, mit breiten Beinen über das Feld, ganz alleine nur für sich und ist in diesem Moment auch nicht ansprechbar. Diese durchgeknallten 5 Minuten dauern eigentlich nur wenige Sekunden, aber sie reichen vollkommen aus, damit er seine angestaute körperliche Energie auf gesunde Art und Weise abbauen kann. Insofern wäre es von Vorteil, wenn Dein Hund zumindest einmal am Tag die Möglichkeit hätte, sich frei zu bewegen und, falls er das Bedürfnis hat, seinen »Rappel« auszuleben.

Wenn Du mit Deinem Hund rausgehst, heißt es nicht automatisch, dass ihr immer in Bewegung sein müsst. Es wäre gut wenn Dein Hund von klein auf lernt, dass es auch mal ruhig zugehen kann. Ein Cafébesuch kann ebenso glücklich machen, wie ausgelassen mit Kumpeln über die Wiese zu toben. Auch hier ist Abwechslung wichtig und gesund.

Setz weder Dich noch Deinen Hund unter Druck und vergiss nie, dass Beschäftigung nicht immer Action bedeuten muss. In Ruhe mal, den Hund im Arm haltend, einen Sonnenuntergang anschauen kann viel erfüllender sein, als irgendwelchen scheinheiligen Erfolgen hinterher zu hetzen. Gesünder ist es allemal.

Der Hund an der Leine

Es ist wirklich sehr interessant Menschen zu beobachten, wenn sie mit ihrem Hund an der Leine spazieren gehen. Kaum eine andere gemeinsame Handlung lässt einen so schnell erkennen, wie es um die Beziehung steht.

Im Idealfall laufen beide entspannt an lockerer Leine nebeneinander her. Aber wie oft sehen wir Hunde, die ihren Menschen mit Ausdauer über Stunden hinter sich her zerren (ihn führen) und sich dabei halb erwürgen oder andersrum hinter dem Menschen grob hergezogen werden. Andere schleichen vollkommen devot, mit herunterhängenden Ruten gebückt neben dem Menschen her und würden sich am liebsten unsichtbar machen. Oder der Hund springt unkontrolliert wie ein Gummiball von einer Seite auf die andere, bleibt ständig stehen, stürzt wieder vor und der geduldige Mensch wartet oder trottelt hilflos hinterher.

Natürlich kann man auch sehen, wie manche Hunde sehr kurz oder mit ständigen Kommandos und Leinenrücken bei Fuß gehalten werden, wenn nicht sogar an der Leine so hoch gezogen werden, dass die Vorderpfoten in der Luft hängen.

Bei manchen Zweiergespannen spürt man regelrecht eine tiefe Verbindung und bei anderen dagegen wieder eine absolute Gleichgültigkeit, wenn nicht sogar eine Abneigung.

Die Art, wie ich einen Hund an der Leine führe, sagt nicht nur viel über die Mensch/Hund-Beziehung aus, sondern auch über den Menschen selbst. Aber Achtung, es ist wichtig keinen Menschen zu schnell zu beurteilen bzw. zu verurteilen. Wir wissen ja nicht, wie lange der Hund schon bei dem Menschen ist. Vielleicht kommt er ja frisch aus dem Tierschutz und hat noch nie in seinem Leben eine Leine gesehen oder er ist durch ein Erlebnis sehr gestresst. Also sei bitte vorsichtig mit einem vorschnellen Urteil.

Auch die Methoden, wie Hunden die Leinenführigkeit beigebracht wird, sind oft sehr überraschend und manche davon auch haarsträubend. Einige Beispiele, die leider den Tatsachen entsprechen:

Dem Hund mit der Faust auf den Kopf schlagen, Stöcke zwischen die Beine werfen, oder ihn mit der Fußhacke in die Genitalien treten,

Stachelhalsbänder (ursprünglich waren diese für Herdenschutzhunde als Schutz gedacht, die Stacheln nach außen!), Leinenrücke, Nackenstöße, Würgeketten, ununterbrochenes Leckerle geben (irgendwann mal ist der Hund so fett, dass er automatisch an Deiner Seite geht), Disk schmeißen, Wasser in die Ohren sprühen ...!

Es gibt auch jedes Jahr immer wieder neue Wunderhilfsmittel. Selbst mit Stromhalsbändern wird heute noch gearbeitet, obwohl sie schon seit Jahren, zu Recht, verboten sind und als Tierquälerei gelten. Als Argument kommt dann immer die tolle Aussage »in der Hand eines Experten schadet es dem Hund nicht!«. Daran mag vielleicht ein Quäntchen Wahrheit sein, aber die meisten Menschen, die solche Hilfsmittel anwenden, sind nun mal keine Experten und mal ganz davon abgesehen bin ich der Meinung, dass gerade ein Experte solche Hilfsmittel nicht befürworten und schon gar nicht brauchen sollte.

Die einzigen Hilfsmittel, die ich bei einem Hund einsetze sind ein breites, dick gepolstertes Halsband, eine normale kurze Leine und eine Schleppleine. Ganz selten auch mal ein Halti für einen kurzen Zeitraum (aber auch nur dann, wenn der Mensch schon die Führungsrolle übernommen hat und sich das Ziehen zu einem festen Programm im Hund verankert hat) und natürlich auch einen Maulkorb (aber wirklich nur bei sehr gefährlichen Hunden; die Häufigkeit kann man an einer Hand abzählen).

Mal eine Frage, wie hast Du es Deinem Kind beigebracht an Deiner Hand zu laufen? Im Idealfall ist die Leine für den Hund nichts anderes, als wenn Du ihn an die Hand nimmst. Es ist eine sichtbare Verbindung zwischen zwei Lebewesen. Frage Dich selbst, was für Gefühle Du mit der Leine verbindest. Was bedeutet die Leine für Dich?

Es ist immer wieder interessant die Reaktion meiner Kunden zu erleben, wenn ich ihnen die Aufgabe stelle, den Hund ca. 80% des Spaziergangs an der Leine zu führen. 90% meiner Kunden denken oder sprechen folgendes aus: »Was, der arme Hund muss so lange an der Leine sein?!« Ihnen ist es gar nicht bewusst, was sie sich damit selbst für ein Armutszeugnis ausstellen! Warum sollte der Hund bemitleidet werden, wenn er so lange an ihrer Seite sein darf? Eigentlich sollte es doch wunderschön sein. Schau Dir doch mal ein wildes Hunderudel an. Laufen da alle weit voneinander entfernt durch die Gegend, oder sind alle dicht beieinander, wie es sich für eine Familie gehört? Wie gehst Du denn mit Deinem Partner spazieren? Haut er auch sofort einige Meter von Dir ab, sobald Du seine Hand loslässt, oder genießt ihr eure Nähe?

Klar ist es gesund und normal für einen Hund, dass er sich mal kurz die Beine vertritt, vielleicht mal einem Kollegen kurz hallo sagt, oder mal zu einem ganz besonders duftendem Misthaufen rennt – aber die meiste Zeit sollte der Hund bei seinem Menschen sein. Nicht weil er muss, sondern weil es sein natürliches Bedürfnis ist!

Also noch einmal zu der Frage zurück. Was bedeutet eine Leine für Dich? Ist sie ein Hilfsmittel, dass es Dir ermöglichst, den Hund besser zu kontrollieren? Findest Du es lästig und nervend den Hund an der Leine zu führen? Setzt Du sie nur solange ein, bis der Hund endlich abgeleint werden kann? All diese Gefühle gibst Du auch an deinen Hund weiter. Wenn Du es selbst nicht genießen kannst, ihn an der Leine auszuführen, wird er es auch nicht können.

Ich finde es wunderschön, meine Hunde an der Leine zu führen. Für mich ist die Leine wie eine Telefonschnur, alle meine Gefühle fließen direkt durch sie hindurch in meine Hunde hinein. Die Leine ist eine wunderbare Verbindung zwischen meinen Hunden und mir und sie ermöglicht es mir, mich auch mal mental vollkommen zu entspannen. Ich muss nicht mehr ganz so aufmerksam sein, wie wenn meine drei Hunde frei herumlaufen. Es ist wirklich wie mit einem Kind. Je nach Situation sind wir auch lockerer, wenn wir es an der Hand haben, als wenn es frei umherrennt und z.B. eine Straße in der Nähe ist. So kann ich mich besser auf ein Gespräch mit meinen Kunden oder einer Freundin konzentrieren und gleichzeitig, durch die Verbindung mit der Leine, sofort spüren, wenn sich eine Spannung in meinen Hunden aufbaut.

> **Kleiner Tipp:** Gewöhn es Dir an, Deinen Hund sehr kurz zu halten, wenn Du stehen bleibst und mit der Aufmerksamkeit nicht bei ihm bist. Denn wenn er schnell vorstürmt, ist die Wahrscheinlichkeit sehr groß, dass Du hinfällst. Je weniger Leinenspielraum Du ihm lässt, umso weniger Gewicht kann er in die Leine werfen.

Entscheide Dich jetzt einfach dafür, dass die Leine etwas wunderbares sein kann und fange damit an, es Deinem Hund zu vermitteln. Schmeiß bitte alle Ketten- sowie harte, schmale und dünne Halsbänder weg! Sie sind grausam und zudem vermitteln sie dem Menschen, die einem entgegenkommen, ein falsches/negatives Bild.

Ich habe eine Kundin mit einer prächtigen Rottweilerhündin. Früher hatte sie auch ein Kettenhalsband. Heute trägt sie ein buntes »Shanti-Halsband« (erhältlich über die Shanti-Homepage, siehe Seite 178) und es ist erstaunlich, wie oft die Kundin von fremden Menschen positiv darauf angesprochen wird. Mit Kettenhalsbändern verbinden die Menschen den Hundeplatz, harte Schule und auch gefährliche Hunde – also mach die Hundewelt ruhig ein bisschen freundlicher und bunter!

Ein gutes Hundehalsband muss sehr breit und dick gepolstert sein. Alle Halswirbel sollten abgedeckt sein, damit der Hund einen hohen Schutz hat, falls er mal in die Leine rennen sollte. Leider werden solche Halsbänder nur selten angeboten, erst recht nicht für Welpen, für die sie ganz besonders wichtig sind.

Brustgeschirre sind auch in Ordnung, falls der Hund sie mag. Ich kenne jedoch genügend Hunde, für die ein Geschirr ein absoluter Horror ist. Abgesehen davon kann ich einen Hund über ein Geschirr nicht so gut lenken wie mit einem Halsband.

Entscheide selbst, was für euch am besten geeignet ist, aber lass ja die Finger von allem, was den Hund ängstigen kann, geschweige denn ihm Schmerzen verursacht. Absolut tabu sind Würge- und Stachelhalsbänder! Kein Hund hat so was verdient! Wenn Du sie für harmlos hältst, schnall sie Dir selbst mal um und bitte jemanden kräftig daran zu rucken!

Hunde denken nicht logisch. Wenn ihnen etwas weh tut, wollen sie nur weg davon. Das ist auch der Grund, warum sich manche Hunde über Stunden halb tot würgen, anstatt zu begreifen, dass sie nur einen Schritt nach hinten gehen müssten, um den Schmerz loszuwerden. Somit nützen diese Halsbänder nichts! Und wenn sich ein Hund in Deiner Nähe nicht wohlfühlt, will er auch nur weg von Dir und ganz sicher nicht bei Fuß an Deiner Seite laufen.

Überhaupt ist das Kommando »bei Fuß« komplett wider der Natur. Du weißt ja jetzt, dass jedes Lebewesen eine Individualdistanz hat, die nach aufsteigendem Status immer größer wird. Kein Hund würde so aufdringlich körperlich an der Seite seines Anführers kleben, wie wir es verlangen. Ein gesundes »bei Fuß« sieht eher so aus, das der Hund entspannt, mit einem Abstand von vielleicht 30 cm, neben oder leicht hinter dem Menschen herläuft. Finde ich persönlich auch wesentlich angenehmer!

Vom ersten Tag an, wenn ein Hund bei mir ist, lernt er wie schön es ist, in meiner Nähe zu sein. Nie verbindet er meine Nähe mit Spannung oder einem anderen unangenehmen Gefühl – das ist die absolute Voraussetzung für ein entspanntes »an der Leine gehen«! Nach ein paar Tagen leine ich den Kleinen zuhause an und bewege mich langsam durch die Wohnung oder den Garten, gerne lege ich dabei eine Futterspur. Immer wieder leine ich ihn im Wechsel an und ab. Aber so, dass er eigentlich keinen Unterschied merkt. Er soll lernen, dass es im Endeffekt total egal ist, ob er angeleint oder frei an meiner Seite ist.

Bei mir gibt es folgende Regeln:

- Ich lasse mich NIE von dem Hund an der Leine ziehen, nicht mal einen Meter!

- Ich passe mich dem Hund in seiner Laufgeschwindigkeit an. Die meisten Menschen laufen viel zu langsam für ihren Hund, so fällt es ihm sehr schwer an ihrer Seite zu bleiben, er muss sich ständig selbst bremsen.

- Ich entscheide, wann wir stehen bleiben, weitergehen und wohin wir gehen!

- Ich lasse den Hund auch mal stundenlang an der Leine, selbst wenn ich über eine Wiese gehe und es somit keine Notwendigkeit dafür gibt. So lernt der Hund von Anfang an, dass es vollkommen normal ist, überall an der Leine zu sein. Ansonsten verbindet er mit einer Wiese automatisch freies laufen.

- Manche Spaziergänge finden nur an der Leine statt!

- Ich habe meine Leine oft über der Schulter hängen und gehe einfach meinen Weg, beachte den Hund so kaum; er passt sich automatisch an! Dadurch vermeide ich, dass ihm meine Hand immer noch einen Meter zusätzlichen Spielraum lässt. Und zwei freie Hände sind auch nicht zu verachten!

- Wenn ich die Richtung ändere, kündige ich das durch einen leisen Schnalzton an. Später reagiert der Hund auch ohne Leine auf dieses Signal.

- Ich laufe stolz und aufrecht an der Leine und zeige ihm damit meine Führung. Ich zögere nicht! Der Hund muss spüren, dass der Mensch am anderen Ende ganz genau weiß, was er will und auch wohin er will!

- Vor jeder Kurve, jedem Hindernis und sobald mir jemand entgegenkommt, nehme ich den Hund als Schutz hinter mich. Ich gehe als Anführer im wahrsten Sinn des Wortes vor, um agieren zu können, falls es notwendig ist. Nach einer Zeit kommen die Hunde dann schon von alleine, wenn sie z.B. einen Radfahrer sehen, zu mir.

Schlau ist es auch, wenn Du Dich intensiver mit dem Hund (zumindest am Anfang) beschäftigst, wenn er an der Leine ist, als wenn er frei umherläuft. Ist auch eine schöne Übung, wenn man mehrere Hunde hat. Der Hund an der Leine bekommt mehr Aufmerksamkeit als die freilaufenden! Ist wirklich lustig anzuschauen, wie die anderen Hunde sofort kommen und bei einem sein wollen, auch an die Leine möchten.

Also denk immer daran: die Leine sollte im schönsten Fall so sein, als ob sich zwei Lebewesen, die viel füreinander empfinden, an der Hand halten. Es sollte kein Festhalten im negativen Sinne (»Du darfst jetzt nicht weg von mir!«) sein, sondern ein Festhalten im positiven (»Wir gehören zusammen!«).

Viele Hunde verbinden die Leine – und somit auch Dich – mit einem Spielverderber. Sie toben mit ihren Kumpeln über die Felder und dann kommt der Mensch, leint sie an und zerrt sie weg, Schluss mit lustig!

Bei mir gibt es in der Gruppe folgende Übung: Der Hund wird aus der Gruppe gerufen, angeleint und der Mensch beschäftigt sich auf eine positive Art mit ihm (z.B. Futtersuche). Nach ein paar Minuten, bei Welpen höchstens eine Minute, leint er ihn wieder ab und lässt ihn mit den anderen Hunden weiterspielen. So lernt der Hund sofort, dass es sich sogar lohnt zu seinem Menschen zu kommen und er auch die Möglichkeit hat, später wieder mit seinen Kollegen zu spielen. Das Schöne ist aber, dass er so lernt noch lieber bei seinem Menschen zu sein!

Ich empfehle für einen Hund, zumindest am Anfang, auch eine Schleppleine von 5 Meter Länge. Gerade wenn der Hund neu bei mir oder noch ein Welpe ist, wird er nicht gleich perfekt an der Leine laufen können. Mit der Schleppleine habe ich die Möglichkeit, falls er noch nicht zuverlässig abrufbar ist, ihm einen gewissen Auslauf zu bieten, ohne dass die Leine ständig gespannt ist.

Was ich überhaupt nicht mag sind diese Rollleinen – speziell bei Welpen finde ich sie absolut kontraproduktiv. Erst durch einen gewissen Zug rollen sie sich aus, also lernt der Hund zu ziehen und nicht vollkommen locker und entspannt zu laufen. Eigentlich sind diese Leinen nur für Hunde geeignet, die schon eine gute Leinenführigkeit kennen. Übe immer wieder mit Deinem Hund an der kurzen Leine zu gehen, am besten dann, wenn er sich ausgetobt hat und müde ist. Wenn er gerade voller Tatendrang ist, lass ihn lieber erst mal an der Schleppleine runterkommen. Hab Geduld und sei bitte sehr konsequent. Wenn Du wirklich Führungsenergie hast und der Hund Deine Nähe liebt, klappt es ganz schnell mit einem entspannten »an der Leine gehen«!

Wichtig ist mir, dass Du begreifst, dass Du Dir nie sicher sein kannst, nur weil Dein Hund an der Leine ist. Außer natürlich wenn Du einen Winzling als Hund hast. Die Leine ist kein Ersatz für eine soziale Erziehung und Bindung an den Menschen!

Mir lagen schon etliche Menschen zu Füßen – und das leider nicht, weil sie mich so toll finden, sondern weil ihr Hund an der Leine losgeschossen ist und sie umgerissen hat. Selbst ein Hund von 20 kg kann enorme Kraft entwickeln, wenn Du unaufmerksam bist oder der Boden rutschig ist (Blätter, Geröll, Glatteis) und Dich zu Fall bringen. Oder der Karabinerhaken springt auf, das Halsband oder die Leine reißt. Ein Alptraum, aber alles schon mal erlebt!

Einstein, mein Landseerrüde, kann ausgewachsen bis zu 75 kg wiegen, also mehr als ich! So einem Hund habe ich körperlich nichts entgegenzusetzen wenn er es drauf anlegt. Das ist mir klar und deshalb arbeite ich intensiv daran, ihn mental unter Kontrolle zu haben – und genau das solltest Du auch tun!

Achte auch auf die Hunde, die Dir angeleint entgegenkommen. Wenn Du schon von weitem erkennen kannst, dass der Hund seinen Menschen hinter sich herzieht und es sich um einen größeren Hund handelt, würde ich Dir – auch im Interesse des anderen Hundehalters

– empfehlen, eine großen Bogen um die beiden zu machen. Es nützt Dir nämlich nicht viel, dass Du einen tollen Hund hast, wenn sich der andere Hund von der Leine losreißt und auf euch zustürmt.

Ich persönlich vertrete die Meinung, dass es sehr wichtig ist, dass sich Hunde an der Leine begrüßen. Bei mir im Gruppentraining ist das eine Hauptregel. Wie oft höre ich aber die Aussage, dass das vollkommen falsch ist und das man Hunde zur Begrüßung immer ableinen muss. In meinen Augen absoluter Schwachsinn. Erstens kann ich dann nicht eingreifen, sollten die Hunde auf einander losgehen, und zweitens ist es je nach Umgebung (Straße, Bahnhof, …) nicht immer möglich. Mal ganz davon abgesehen – musst Du die Hand Deines Partners auch immer loslassen, wenn ihr andere Menschen trefft?

Natürlich gibt es Hunde, die sich an der Leine wesentlich aggressiver und unsicherer verhalten als ohne. Aber das Problem ist da nicht die Leine, sondern der Mensch, der am anderen Ende hängt. Entweder fühlt sich der Hund von ihm positiv in seinem Verhalten bestärkt, oder er glaubt ihn beschützen zu müssen, oder er zeigt aggressives Verhalten, weil er sich durch die Leine eingeengt fühlt.

Ich habe es nicht nur einmal erlebt, dass sich Hunde, die zuvor noch friedlich frei nebeneinander hergelaufen sind, sofort angifteten sobald sie angeleint wurden. Schlimm, oder? Nur sollten wir hier erkennen, dass es keine Lösung ist, Hundekontakte an der Leine zu verbieten, sondern im Gegenteil, dafür sorgen, dass der richtige Mensch, ein Anführer, die Leine in der Hand hält und für ein gesundes Verhalten sorgt!

Eine Grundregel solltest Du immer befolgen, wenn Dein Hund an der Leine ist: Kein Hund darf an einer gespannten Leine zu einem anderen Hund! Er sollte lernen, dass Du den anderen Menschen zuerst begrüßt und er erst zum anderen Hund darf, wenn er sich entspannt hat. Das kannst Du schon mit einem Welpen üben. Führe ihn ruhig, von mir aus mit Hilfe der »Leberwursthand« in die Nähe des anderen Hundes. Sobald Du merkst, dass er Stress aufbaut, bleibst Du stehen und gehst erst weiter, wenn er sich wieder beruhigt hat. Der Hund sollte vom ersten Tag an lernen, dass er KEINEN Erfolg hat irgendwohin zu gelangen, wenn er an der Leine zieht!

Also dann viel Spaß beim Händchenhalten!

Gruppentraining nach der »Shanti-Methode«

Bei mir gibt es keinen Gruppenunterricht, der kürzer als 1,5 Stunden dauert. Das hat einen ganz einfachen Grund: Hunde brauchen mindestens 20 Minuten, bis sie sich entspannen können und für das Training aufnahmefähig sind. Diese Praxis hat sich extrem bewährt und ich kann sie jedem nur ans Herz legen. Nach diesen 1,5 Stunden ist wirklich jeder Hund zufrieden und entspannt, egal wie »durchgeknallt« er vorher auch war. Und sollte sich doch mal eine Situation ergeben, die einen Hund wieder stresst, wird der Unterricht so lange verlängert, bis wieder alle entspannt sind. Der Hund nimmt immer den letzten Eindruck mit, deshalb sorgen wir dafür, dass es immer ein guter Eindruck ist!

Bei mir wechseln die Gruppenteilnehmer, es gibt keine festen Gruppen. Sicherlich kennen sich viele untereinander, aber da meine Kunden auch von weit her kommen, ist es normal, dass ein kontinuierlicher Wechsel herrscht. Ich bin ein Mensch, der immer die Realität unterrichten möchte. Wenn immer die gleichen Teilnehmer da wären, hätte es, was die soziale Komponente angeht, keinen Lerneffekt für die Hunde. Was nützt es mir denn, wenn sie sich nur mit den Hunden in der Gruppe gut verstehen und sich im wirklichen Leben vor jedem fremden Hund fürchten oder ihn blöd anmachen? Mein Wunsch und Ziel ist es, dass meine Kunden Hunde haben, die mit jedem fremden Hund gut zurechtkommen. Dies können sie nur lernen, wenn sie auch ständig mit den unterschiedlichsten Hunden konfrontiert werden. Das fordert Mensch und Hund natürlich sehr viel mehr! So haben wir immer neuen Input und die Hunden lernen sich untereinander anzupassen und auch andere Hunde zu respektieren.

Am Anfang dürfen die Hunde keinen körperlichen Kontakt miteinander haben. Erstens herrscht oft zu große Spannung und zweitens lernen sie so, dass sie nicht automatisch zu jedem fremden Hund hin können. Nicht immer ist es angebracht oder möglich Kontakte zuzulassen. In den ersten Minuten gehen wir miteinander spazieren und zwar in den unterschiedlichsten Gegenden. Wir wissen nie, was oder wer uns entgegenkommt. Pferde, freilaufende Hunde, kreischende Kinder,

Menschen mit einem Kanu auf dem Kopf (lach nicht, hatten wir wirklich schon mal!), Baumaschinen, Radfahrer ... Cafébesuche und auch Stadttouren stehen genauso auf dem Plan, wie normale Waldspaziergänge. Also alles, was mit dem eigenen Hund normal sein sollte.

Je nach Gegend und Hund dürfen auch einige von ihnen ohne Leine frei laufen. Auch hier gibt es eine wichtige Regel bei mir: Wenn wir in Bewegung sind, dürfen die Hunde nicht toben, sondern sollen ruhig und entspannt mit uns mit laufen. Nur wenn wir stehen bleiben und somit alles im Blick haben, ist es erlaubt zu toben! So lernen die Hunde auch ohne Leine entspannt nebeneinander herzulaufen. Sehr entspannend für Mensch und Hund!

Denk immer daran, dass sich beim Toben Spannung aufbaut und eine Situation sehr schnell kippen kann; aus Spaß wird plötzlich Ernst. Wenn Du nicht rechtzeitig eingreifst, kann sich eine gefährliche Gruppendynamik entwickeln.

Ich erlebe es immer wieder, dass Menschen miteinander spazieren gehen, sich unterhalten und ihre Hunde einfach machen lassen, was denen gerade in den Sinn kommt. Plötzlich sehen die Hunde etwas in der Ferne und preschen los, die hilflos schreienden Menschen hinter sich lassend. Egal wie sehr ich meine Hunde liebe und ihnen vertraue, ich bin mir in jedem Moment darüber bewusst, dass sie Tiere sind, die von ihren Instinkten geleitet werden und sich innerhalb von ein paar Sekunden vom Schmusetier zum Raubtier verwandeln oder sich, zumindest meiner Meinung nach, unmöglich verhalten können. Das Leben ist voller Überraschungen und je aufmerksamer und verantwortungsbewusster wir sind, umso besser haben wir die Situation und somit auch unsere Hunde im Griff! Also habe ich auch überhaupt kein Problem damit, Regeln aufzustellen und auf deren Einhaltung zu bestehen, die dem Wohl und der Sicherheit aller dienen!

Die Gruppen sind bei mir generell sehr klein. Selten habe ich mehr als sechs Kunden gleichzeitig und wenn doch, dann sind wir zwei oder mehr Trainer. Es ist mir sehr wichtig, dass ich jeden Kunden (den Menschen wie auch seinen Hund) individuell beraten und fördern kann. Somit gibt es auch keine Aufgaben, die für alle gleich gelten. Die Übungen werden den einzelnen Hunden angepasst. Kein Hund wird mit einem anderen verglichen, jeder wird abgeholt, wo er steht!

Meine Kunden machen mich unglaublich glücklich. Zu 99% sind alles sehr wertvolle Menschen, die mir das Gefühl vermitteln, dass sie weniger meine Kunden, sondern viel mehr meine Freunde sind. Es gibt kein Konkurrenzdenken. Jeder wird bestärkt und aufgebaut, falls er mal einen Durchhänger hat. Wir haben keine Hemmungen emotional zu sein, es wird gelacht, geweint und sich auch mal in den Arm genommen. Das ist einfach wunderschön für mich und ich finde es total erfüllend diese Menschen ein Stück ihres Weges begleiten zu dürfen. Dafür danke ich euch allen aus tiefstem Herzen!

Mittlerweile sehe ich es als Vorteil an, dass ich selbst, und auch meine Arbeit, nicht der Norm entspreche. Ich bin nicht für alle Menschen als Verhaltenstherapeutin oder Coach geeignet, was aber auch vollkommen in Ordnung ist. Nicht jeder Deckel passt auf jeden Topf! Ich ziehe Menschen an, die meine Welt verstehen, Menschen, die den Mut haben sich auf Neues einzulassen und auch mal bereit sind, ihren Blickwinkel ein bisschen zu verrücken. Menschen, die erkannt haben, dass jeder Hund etwas ganz Besonderes ist und es verdient hat, einen in sich ruhenden Menschen an seiner Seite zu haben. Menschen, die den Kopf lachend über sich selber schütteln, wenn ihr Verstand mal wieder den Verstand verliert und sie dafür anfangen, auf ihre Intuition zu hören und sich zu vertrauen.

Falls Du bis hierher durchgehalten hast: herzlich willkommen im Club!

Woran ich einen entspannten Hund erkenne:

- ❧ Er ist unproblematisch im Umgang mit fremden Menschen und Hunden. Was aber nicht heißt, dass er sich von jedem anfassen lassen will. Er hat das Recht NEIN zu sagen!

- ❧ Wenn es an der Tür klingelt reagiert er ruhig und gelassen, ohne wildes Gekläffe (ein kurzes Wuff ist akzeptabel). Besucher werden freundlich und entspannt begrüßt und ohne Probleme in die Wohnung gelassen.

- ❧ Er duldet im Idealfall auch fremde Hunde in der Wohnung.

- ❧ Er ruht mindestens 18 Stunden am Tag.

- ❧ Menschen und Hunde, die am Grundstück vorbeigehen, werden nicht hysterisch verbellt oder durch den Zaun hindurch attackiert. Anschlagen dagegen ist, je nach Rasse, vollkommen in Ordnung, wenn nicht sogar erwünscht.

- ❧ Im Auto verhält er sich vorwiegend ruhig, auch wenn er andere Hunde sieht.

- ❧ Er ist souverän anderen Hunden gegenüber, hat aber auch kein Problem damit, sich zu wehren oder einen anderen Hund in seine Schranken zu weisen.

- ❧ Er kann problemlos auch über Stunden alleine zuhause bleiben.

- ❧ Er rennt vielleicht mal einem Reh oder einer Katze hinterher, dreht aber recht schnell wieder um und kommt sofort zurück.

- ❧ Er zofft sich auch mal mit einem anderen Hund, aber immer ohne ernsthafte Verletzungsabsicht.

- ❧ Er sucht und geniest unaufdringlich Deine Nähe.

- ❧ Er hat keine Objektfixierung.

- ❧ Er vertraut Dir und lässt sich von Dir auch anfassen, wenn er Schmerzen hat.

- ❧ Er ist nicht immer Deiner Meinung und zeigt Dir das auch!

- ❧ Er ist manchmal schlauer als Du!

- ❧ Er gehorcht nicht immer, aber immer öfter!
- ❧ Er ist ein Teil der Familie und kann überall hin mitgenommen werden, falls es notwendig ist. (Auf eine laute Party oder die Kirmes würde ich meine Hunde nicht mitnehmen, erst recht nie auf eine Hundeausstellung!)
- ❧ Er ist für Dich der tollste, liebste und wunderbarste Hund und Du liebst ihn auch wegen all seinen Special Effects!

Wenn Du so einen Hund hast, ist er in meinen Augen perfekt und Du der geborene Anführer – meinen Glückwunsch!

Falls es noch einige Baustellen bei euch gibt, zögere nicht, sondern krempel Deine Ärmel hoch und ran an die Arbeit! Ich garantiere Dir, es lohnt sich!

Und nun wünsche ich Dir viel Spaß und Erfolg beim »Hundisch« lernen!

Das Shanti-Team

Radana Kuny

Radana Kuny wurde 1965 in Prag geboren. Durch ihre angeborene Hellfühligkeit hat sie im Lauf von über 20 Jahren ein ganzheitliches Coaching- und Trainingskonzept entwickelt, dass mittlerweile hunderten von Hunden und Menschen geholfen hat.

Fine Zehner

Fine Zehner unterstützt Frau Kuny sehr erfolgreich und eigenständig beim Hundetraining. Sie hat die Fähigkeit Zusammenhänge in der Mensch/Hundbeziehung sofort zu erkennen und kann sich wunderbar in die Hunde hineinfühlen.

Radana Kuny
Hundeschule

www.dog-verhaltenstherapie.de

Das Shanti-Halsband
Das Band zwischen Mensch und Hund

erhältlich über die Homepage *www.shanti-handmade.com*

Wenn du mit den Tieren sprichst,
werden sie auch mit Dir sprechen
und ihr werdet euch kennenlernen.
Wenn du nicht mit ihnen sprichst,
werdet ihr euch nie wirklich kennenlernen.
Was du nicht kennst, wirst du fürchten.
Was du fürchtest, zerstörst du.
(Häuptling Dan. G.)

 ENDE